AF886348

Früher erschien:

Berichte

des

Verbandes der Laboratoriums-Vorstände

an deutschen Hochschulen.

Erstes Heft (18. September 1898). gr. 8. Geh. 60 ₰.

Berichte

des

Verbandes der Laboratoriums-Vorstände

an deutschen Hochschulen.

Zweites Heft (17. September 1899). gr. 8. Geh. 1 ℳ.

Berichte

des

Verbandes der Laboratoriums-Vorstände

an deutschen Hochschulen.

Drittes Heft.

(16. September 1900.)

Leipzig,
Verlag von Veit & Comp.
1900.

Inhalt:

A.

PROTOKOLL

der Jahresversammlung des Verbandes der Laboratoriumsvorstände deutscher Hochschulen

am 17. September 1899

im grossen Hörsaale des chemischen Universitätslaboratoriums zu München.

Vorsitzender: A. von Baeyer.

Anwesend die Mitglieder: Ahrens, v. Baeyer, Beckmann, Bredt, Bunte, Curtius, Elbs, Engler, E. Fischer, O. Fischer, Hantzsch, Häussermann, Hilger, van't Hoff, Knorr, Liebermann, v. Meyer, R. Meyer, Ostwald, v. Pechmann, Schultz, Städel, Wislicenus.

1. Der erste Vorsitzende begrüsst die Versammlung. Das Protokoll der vorigen Versammlung in Düsseldorf wird genehmigt.

2. Die ausscheidenden Vorstandsmitglieder werden durch Zuruf wiedergewählt. Es wird hierbei beschlossen, dass in jedem Hefte der Berichte die Zusammensetzung des Vorstandes bekanntgegeben werden soll.

3. Der Schatzmeister erstattet den Bericht und erhält Entlastung. Es wird beschlossen, den bisherigen Beitrag von 10 Mark jährlich beizubehalten. Dr. Bredig soll als Entgelt für die von ihm geführten Geschäfte den Betrag von 150 Mark erhalten.

Liebermann bemerkt zu dem vorliegenden Heft 2 der Berichte des Verbandes, dass die Übersicht der Diplomarbeiten seines Laboratoriums (S. 43) infolge unrichtig abgedruckter Klammern leicht missverstanden werden könne. Die Klammern bezogen sich lediglich auf die Fussnote, während die Arbeiten: Condensation der Hemipinsäure etc. von J. Landau und die über: Revision der Arbeit von Meldola etc. von S. Schlossberg ausgeführt seien.

4. Es wird beschlossen, in die Liste der Dissertationen und Diplomarbeiten nur die Namen solcher Laboranten aufzunehmen, welche eine selbstständige Untersuchung ausgeführt haben.

E. Fischer giebt gleichfalls Erläuterungen über Lücken in dem Verzeichnis der Berliner Dissertationen.

5. Professor Buchner von der landwirtschaftlichen Hochschule in Berlin ist versehentlich in den Verband aufgenommen worden, obwohl er nicht Vorsteher eines chemischen Universitäts- oder technischen Hochschul-Laboratoriums ist. Der erste Vorsitzende hat die durch den Schriftführer und den Schatzmeister bewirkte Aufnahme vorläufig auf ein Jahr gut geheissen, wofür ihm die nachgesuchte Indemnität erteilt wird. Nach längerer

Diskussion wird von neuem festgestellt, dass nur Direktoren staatlicher Unterrichts-Laboratorien an Universitäten und technischen Hochschulen Mitglieder der Verbandes werden können. Die Aufnahme soll künftig so erfolgen, dass die Meldung eines neuen Candidaten zur Mitgliedschaft an den ersten Vorsitzenden geht. Fälle, die ihm zweifelhaft erscheinen, legt er dem Vorstande vor, und wenn dieser sich nicht einigen kann, so geht die Angelegenheit an die nächste Hauptversammlung, auf welcher sie endgültig entschieden wird.

Im Falle Buchner wird beschlossen, den getroffenen Bestimmungen keine rückwirkende Kraft zu geben, und alle derzeitigen Mitglieder des Verbandes, auch wenn ihre Stellung diesen Bestimmungen nicht entspricht, als solche anzuerkennen, also auch Professor Buchner.

6. Der Antrag »auf die Einführung fakultativer Ergänzungsprüfungen« wird beraten. Nachdem der Antragstellende Ostwald den Zweck der vorgeschlagenen Erweiterungsprüfungen erläutert hat und die Frage von verschiedenen Seiten in lebhafter Diskussion beleuchtet worden ist, wird beschlossen:

Es sollen im Anschlusse an die Verbandsprüfung fakultative Prüfungen in anderen geeigneten Fächern, insbesondere in der Physik, stattfinden. Das Bestehen solcher Prüfungen wird auf Karten von gleicher Grösse, wie die Verbandskarten, von dem Prüfenden bescheinigt. Die Karten sollen die Aufschrift tragen: Ergänzung zum Verbandszeugniss No. x. Diese Zeugnisse sollen in einer Beilage zu den Berichten gleichfalls registriert werden.

v. Baeyer, Vorsitzender. **Ostwald,** Schriftführer.

B.

Mitgliederverzeichniss vom 16. Sept. 1900.

Vorstand:

Erster Vorsitzender: A. v. **Baeyer**, München.
Zweiter Vorsitzender: H. **Bunte**, Karlsruhe i. B.
Erster Beisitzer: E. **Fischer**, Berlin.
Zweiter Beisitzer: E. v. **Meyer**, Dresden.
Schriftführer u. Leiter d. Berichte: W. **Ostwald**, Leipzig.
Schatzmeister: C. **Liebermann**, Berlin-Charlottenburg.

Mitglieder des Verbandes:

Prof. F. B. **Ahrens**, Breslau, Landwirtschaftl.-Technolog. Institut d. Univ., Mathiasplatz 5.
» R. **Anschütz**, Bonn, Chem. Univers.-Laborat.
» A. v. **Baeyer**, München, Arcisstr. 1. Chem. Laborat. d. Akadem. d. Wissenschaften.
» E. **Beckmann**, Leipzig, Brüderstr. 34, Univers.-Laborat. für angew. Chemie.
» H. **Beckurts**, Braunschweig, Technische Hochschule.
» R. **Behrend**, Hannover, Technische Hochschule.
» J. **Bredt**, Aachen, Technische Hochschule.
» E. **Buchner**, Berlin N., Chem. Laborat. d. Landwirtschaftl. Hochschule.
» H. **Bunte**, Karlsruhe, Technische Hochschule.
» L. **Claisen**, Kiel, Chem. Univers.-Laborat.
» A. **Classen**, Aachen, Technische Hochschule.
» Th. **Curtius**, Heidelberg, Chem. Univers.-Laborat.
» O. **Dieffenbach**, Darmstadt, Technische Hochschule.
» K. **Elbs**, Giessen, Physik.-chem. Univers.-Laborat.
» C. **Engler**, Karlsruhe, Technische Hochschule.
» E. **Fischer**, Berlin N., I. Chem. Univers.-Laborat.
» O. **Fischer**, Erlangen, Chem. Univers.-Laborat.
» L. **Gattermann**, Freiburg i. B., Chem. Univers.-Laborat.
» A. **Hantzsch**, Würzburg, Chem. Univers.-Laborat.
» C. **Häussermann**, Stuttgart, Technische Hochschule.
» C. **Hell**, Stuttgart, Technische Hochschule.
» W. **Hempel**, Dresden, Technische Hochschule.
» A. **Hilger**, München, Chem. Univers.-Laborat. für angewandte Chemie, Leopoldstr. 42.
» J. H. **van't Hoff**, Charlottenburg, Uhlandstr. 2.

Prof. C. G. **Hüfner**, Tübingen, Physiolog.-chem. Univers.-Laborat.
» H. **Kiliani**, Freiburg i. B., Chem. Univers.-Laborat.
» H. **Klinger**, Königsberg i. Pr., Pharmaceut.-chem. Univers.-Laborat.
» L. **Knorr**, Jena, Chem. Univers.-Laborat.
» G. v. **Knorre**, Charlottenburg, Technische Hochschule.
» Fr. **Krafft**, Heidelberg, Wlhelmstr. 2.

» A. **Ladenburg**, Breslau, Chem. Univers.-Laborat.
» H. **Landolt**, Berlin NW., II. Chem. Univers.-Laborat., Bunsenstr. 1.
» C. **Liebermann**, Charlottenburg, Technische Hochschule.
» H. **Limpricht**, Greifswald, Chem. Univers.-Laborat.
» W. **Lossen**, Königsberg i. Pr., Chem. Univers.-Laborat.

» L. **Medicus**, Würzburg, Technologisches Institut der Univers.
» E. v. **Meyer**, Dresden, Technische Hochschule.
» R. **Meyer**, Braunschweig, Technische Hochschule. Laborat. f. analyt. u. techn. Chemie.
» A. **Michaelis**, Rostock i. Meckl., Chem. Univers.-Laborat.
» R. **Möhlau**, Dresden, Technische Hochschule.
» W. **Muthmann**, München, Technische Hochschule. Analyt. Laborat.

» A. **Naumann**, Giessen, Chem. Univers.-Laborat.
» W. **Nernst**, Göttingen, Institut für Elektrochemie und physikalische Chemie a. d. Univers.

» W. **Ostwald**, Leipzig, Physik.-chem. Institut d. Univers.

» C. **Paal**, Erlangen, Pharmaceut.-chem. Institut der Univers.
» H. v. **Pechmann**, Tübingen, Chem. Univers.-Laborat.
» Th. **Poleck**, Breslau, Pharmaceut.-chem. Laborat. d. Univers.

» F. **Rüdorff**, Charlottenburg, Technische Hochschule.

» H. **Salkowski**, Münster i. W., Chem. Laborat. der Akademie.
» E. **Schmidt**, Marburg i. H., Pharmaceut.-chem. Univers.-Laborat.
» G. **Schultz**, München, Technische Hochschule.
» H. **Schwanert**, Greifswald, Chem. Univers.-Laborat.
» K. **Seubert**, Hannover, Technische Hochschule.
» M. **Siegfried**, Leipzig, Physiolog. Institut d. Univ.
» W. **Städel**, Darmstadt, Technische Hochschule.

» B. **Tollens**, Agriculturchem. Laborat der Univers. Göttingen.

» J. **Volhard**, Halle a. S., Chem. Univers.-Laborat.

» O. **Wallach**, Göttingen, Chem. Univers.-Laborat.
» H. **Wichelhaus**, Berlin NW., Technolog. Institut d. Univers., Bunsenstrasse 1.
» J. **Wislicenus**, Leipzig, I. Chem. Univers.-Laborat.
» O. N. **Witt**, Berlin NW. 23, Siegmundshof 21. Technische Hochschule.

» Th. **Zincke**, Marburg i. H., Chem. Univers.-Laborat.

Auf Grund der Braunschweiger Statuten sind bis zum 15. August 1900 folgende Register der abgelegten Prüfungen an den Schriftführer des Verbandes eingesandt worden:

(* bedeutet: Angabe fehlt.)

C.

Register der im Verbandsjahr 1899|1900 ausgestellten Verbandszeugnisse.

Chemische Laboratorien der Technischen Hochschule Aachen.

Auf-gedruckte No. der Zeugniss-karte	Vorname	Zuname	Geburtsort	Vorbildung	Examinatoren	Datum der Ausfertigung
W.-S.						
667	**Karl**	**Hahn**	Stommeln b. Köln a. Rh.	Abiturient Humanist. Gymn.	Classen Bredt	**23. März 1900**
668	**Laurenz**	**Bock**	Aachen	Obersecunda Humanist. Gymn.	Classen Bredt	**23. März 1900**
S.-S.						
669	**Emil**	**Lambotte**	Ehrenfeld b. Köln a. Rh.	Oberprima Humanist. Gymn.	Classen Bredt	**10. Juli 1900**
670	**Bernhard**	**Roding**	Warbeyn (Kreis Kleve)	Einj. Freiw. Examen	Classen Bredt	**20. Juli 1900**

I. Chemisches Institut der Universität Berlin.

Aufgedruckte No. der Zeugniss-karte	Vorname	Zuname	Geburtsort	Vorbildung	Examinatoren	Datum der Ausfertigung
W.-S.						
49	Albert	Manasse	Berlin	Gymnasium	E. Fischer Gabriel Piloty Harries	17. Nov. 1899
50	Suren	Adamianz	Schuscha (Armenien)	Realschule		17. Nov. 1899
51	Viktor	Stein	Teplitz (Böhmen)	Ober-realschule		17. Nov. 1899
52	Ernest	Atkinson	London	Grammar School London		17. Nov. 1899
53	Otto	Stillich	Metschlau (Schlesien)	Realgymn.		17. Nov. 1899
54	Julius	Schmidt	Alt-Steinort (Pommern)	Seminar (Rektorats-examen)	E. Fischer Gabriel Piloty	9. Jan. 1900
55	Curt	Seydel	Berlin	Gymnasium		9. Jan. 1900
56	Willy	Drechsler	Marienburg (W. Pr.)	Landwirth-schaftsschule		9. Jan. 1900
S.-S.						
57	Alfred	Byk	Berlin	Gymnasial-Abiturient	Gabriel Harries Ruff (E. Fischer)	7. Mai 1900
58	Max	Schütz	Berlin	Realgymn.-Abiturient	Dieselben	7. Mai 1900
59	Karl H.	Lips	New-York	Polytechnic. Institute	Dieselben	30. Mai 1900
60	Arthur	Ulrich	Leipzig	Realgymn.-Abiturient	Dieselben	30. Mai 1900
2401	Eduard	Bry	Bromberg	Gymnasium (Pharm. Staatsex.)	Dieselben	13. Juni 1900
2402	Ostwald	Möller	Brackwede	Gymnasial-Abiturient	Dieselben	13. Juni 1900
2403	Erich	Baum	Dresden	Gymnasial-Abiturient	Dieselben	13. Juni 1900
2404	Meer	Wohlberg	Wilkowischken (Russl.)	Apotheker-examen	Dieselben	13. Juni 1900
737	Max	Strobel	Vachingen a. E.	Pharm. Staats-examen II	Harries (Org. Chem.) (E. Fischer)	25. Juli 1900
1547	Theodor Heinrich	Menzen	Alsfeld	Realgymn.-Abiturient	Harries (Org. Chem.) (E. Fischer)	25. Juli 1900
2405	August	Klein	Freudenberg (O.-P.)	Gymnasial-Abiturient	Gabriel Harries Ruff (E. Fischer)	25. Juli 1900
2406	Willy	Löwen-stamm	Berlin	Gymnasial-Abiturient	Dieselben	25. Juli 1900
2407	Otto	Reiser	Waldfischbach, Rheinpfalz	Gymnasial-Abiturient	Dieselben	26. Juli 1900
2408	Isidor	Schröter	Lodz	Gymnasial-Abiturient	Dieselben	26. Juli 1900

I. Chemisches Institut der Universität Berlin. Fortsetzung.

Aufgedruckte No der Zeugnisskarte	Vorname	Zuname	Geburtsort	Vorbildung	Examinatoren	Datum der Ausfertigung
S.-S. 2409	Edwin	Lewinstein	London	Prima (Gymnas.)	E. Fischer, Gabriel, Harries, Ruff.	26. Juli 1900
2410	Willy	Lewin	Berlin	Gymnasial-Abiturient	E. Eischer Gabriel, Ruff.	26. Juli 1900

II. Chemisches Institut der Universität Berlin.

W.-S. 230	Franz	Stranz	Eger	Hum. Gymn.	Landolt E. v. Meyer Dresden	10. Nov. 1899
1901	Friedrich	Gollnitz	Frankfurt a. M.	Realgymn.	Landolt	18. Nov. 1899
1902	Otto	Frobenius	Zürich	Realgymn. Berlin	Landolt	20. Nov. 1899
1903	Oscar	Linder	Basel	Realgymn.	Landolt	30. Nov. 1899
1904	Kurt	Bartels	Riga	Realgymn.	Landolt	2. Dec. 1899
1905	Friedrich	Schottländer	St. Petersburg	Hum. Gymn.	Landolt Marckwald	14. Dec. 1899
1906	Hartwig	Klut	Berlin	Realgmyn.	Landolt Marckwald	2. März 1900
1907	Max	Rehwald	Hadmersleben	Gymnasium	Landolt Marckwald	2. März 1900
1908	Heinrich	Frederking	Riga	Hum. Gymn.	Landolt Marckwald	5. März 1900
1909	Felix	Fränckel	Neapel	Realgymn. Berlin	Landolt	6. März 1900
S.-S. 1910	Rudolf	Poseiner	Darmstadt	Realgymn.	Landolt	25. Mai 1900
1911	Simon	Goldlust	Lamza (Russland)	Gymnasium	Jahn	29. Juni 1900
1912	Fritz	Hanfland	Berlin	Realgymn.	Landolt	2. Juli 1900
1913	Arthur	Bibergeil	Berlin	Hum. Gymn.	Landolt	6. Juli 1900
1914	Martin	Blix	Stockholm	Realschule	Landolt	9. Juli 1900
1915	Wilhelm	Antoni	Fossens (Oldenburg)	Hum. Gymn.	Landolt	10. Juli 1900
1916	Hermann	Tüllner	Fürstenwalde	Hum. Gymn.	Landolt	13. Juli 1900
1917	Karl	Hassel	Heidelberg	Oberrealschule	Landolt	20. Juli 1900
1918	Adalbert	Majewski	Marienburg	Kgl. Lehrerseminar zu Berent	Landolt	21. Juli 1900
1919	Amalie	Hertz	Warschau	Mädchengymn. in Warschau	Jahn	28. Juli 1900
1920	Morduch	Koss	Byten (Russland)	Lehrerseminar in Borisow	Landolt	30. Juli 1900

Anorgan. Laboratorium der Techn. Hochschule zu Berlin.

Aufgedruckte No. der Zeugnisskarte	Vorname	Zuname	Geburtsort	Vorbildung	Examinatoren	Datum der Ausfertigung
W.-S.						
1721	Gilbert	Book	Landsberg	Abiturient Oberrealschule	Rüdorff	5. März 1900
1722	Hans	Wartenberg	Berlin	Oberprima	Rüdorff	7. März 1900
1723	Ludwig	Förster	Szepes Váralja (Ungarn)	Abiturient Realschule	Stavenhagen	8. März 1900
1724	Allan	Lindberg	Bro (Schweden)	Abiturient	Nass	10. März 1900
1725	Alfred	Utermann	Dortmund	Abiturient	Nass	10. März 1900
1726	Alexander	Ringk	Glogau	Obersecunda	Nass	10. März 1900
1727	Sigfrid	Hanning	Gamleby (Schweden)	Technikum	Nass	10. März 1900
1728	Ludwig	Singer	Bellus (Ungarn)	Abiturient Realgymn.	Nass	10. März 1900
1729	Fritz	Hübner	Magdeburg	Abiturient	Nass	10. März 1900
1730	Peter	Engelskirchen	Köln a. Rh.	Abiturient	Nass	10. März 1900
1731	Paul	Mosler	Kösling	Abiturient	Kühling	17. März 1900
1732	Rudolf	Wackernagel	Berlin	Prima	Kühling	17. März 1900
1733	Paul	Bromberger	Kublischken	Abiturient	Kühling	17. März 1900
1734	Takeo	Kumagai	Tokio	Prima	Kühling	17. März 1900
S.-S.						
1735	Wilhelm	Scheermann	Kl. Wanzleben	Obersecunda	Stavenhagen*) Herzfeld	7. Juli 1900
1736	Hans	Jost	Magdeburg	Abiturient	Rüdorff Liebermann Herzfeld	7. Juli 1900
1737	Fritz	Vogel	Förderstedt	Abiturient	Rüdorff Liebermann Stavenhagen	7. Juli 1900
1738	Fritz	Wentzel	Berlin	Abiturient	Stavenhagen v. Knorre Liebermann	12. Juli 1900
1739	Otto	Langhammer	Chemnitz	Abiturient	Stavenhagen	12. Juli 1900
1740	Gerhard	Lucas	Lippstadt	Abiturient	Stavenhagen Kühling	13. Juli 1900
1741	Adolf	Tepling	Spandau	Prima	Stavenhagen Kühling	13. Juli 1900
1742	Carl	Janson	Mårsaeter (Schweden)	Technikum	Stavenhagen Nass	13. Juli 1900
1750	Friedrich	Trau	Ludwigshafen	Abiturient	Stavenhagen	15. Juli 1900

*) In Vertretung von F. Rüdorff.

Organisches Laboratorium der Technischen Hochschule zu Berlin.

Aufgedruckte No. der Zeugnisskarte	Vorname	Zuname	Geburtsort	Vorbildung	Examinatoren	Datum der Ausfertigung
W.-S. 1406	Alexander	Lusin	Moskau	Reifezeugn. Commerzschule Moskau	Liebermann	2. Dec. 1899
1403	Franz	Fuhrmann	Berlin	Primareife (Tunatur) Realgymn.	Liebermann	9. Dec. 1899
1407	Leopold	Flatow	Berlin	Reifezeugn. Realgymn. Osterode	Liebermann	9. Dec. 1899
1408	Joseph	v. Arnhold	Warschau	Reifezeugn. Realgymn. Warschau	Liebermann	3. März 1900
1409	Withold	v. Kropivnicki	Warschau	Reifezeugn. Realgymn. Warschau	Liebermann	5. März 1900
1410	Alfred	Bertheim	Berlin	Reifezeugn. Gymnasium Berlin	Liebermann	13. März 1900
1411	Hermann	Barschall	Berlin	Reifezeugn. Gymnasium Berlin	Liebermann	17. März 1900
1412	Wladimir	Kiedrzynski	Kalisch	Reifezeugn. Gymnasium Kalisch	Liebermann	19. März 1900
S.-S. 1413	Trenentz	Rontaler	Piotikow	Reifezeugn. Gymnasium Piotikow	Liebermann	7. Mai 1900
1414	Wilhelm	Kohen	Hildesheim	Primareife (Tunatur)	Liebermann	7. Juli 1900

Techn.-chemisches Laboratorium der Techn. Hochschule zu Berlin.

W.-S. 830	Siegmund-Clement	Motylewski	Ztoczow (Galizien)	Oberrealschule Lemberg Mat.	Witt	16. März 1900
1791	Alfred	Schoeller	Düren	Oberrealschule Mat.	Witt	16. März 1900
1792	Carl	Alexi	Berlin	Realgymn. Mat.	Witt	16. März 1900
1793	Joseph	Borkowski	Lubochenek (R.-Polen)	Gymnasium Mat.	Witt	16. März 1900
1794	Franz	Prodel	Bablitzka (Böhmen)	Oberrealschule Mat.	Witt	16. März 1900

Techn.-Chemisches Laboratorium der Techn. Hochschule zu Berlin.

Fortsetzung.

Aufgedruckte No. der Zeugnisskarte	Vorname	Zuname	Geburtsort	Vorbildung	Examinatoren	Datum der Ausfertigung
W.-S. 1795	Richard	Kahl	Bochum	Realgymn. Mat.	Witt	16. März 1900
1796	Naftaly	Osorowitz	Bukarest	Oberrealschule Mat.	Witt	16. März 1900
S.-S. 1797	Gustav	Walther	Gera	Realschule	Witt Junghahn Kersting	10. Juli 1900
1798	William	Rückert	Dresden	Realgymn. Mat.		10. Juli 1900
1799	John Ewart	Walker	Manchester	Ley's School		10. Juli 1900

Elektrochemisches Laboratorium der Technischen Hochschule zu Berlin-Charlottenburg.

W.-S. 1601	Waslaw	Dombrowski	Plock (Russland)	Hum. Gymn.	v. Knorre Rüdorff Liebermann	7. März 1900
S.-S. 1603	Fritz	Bennigsen	Berlin	Oberrealschule	v. Knorre	30. Mai 1900
1602	M.	Salinger	Berlin	Hum. Gymn.	v. Knorre	21. Mai 1900

Chemisches Laboratorium der Landwirthschaftlichen Hochschule in Berlin.

W.-S. 952	Christophor	Hachumian	Baku	7 kurs. russ. Realschule absolv.	Buchner	15. Febr. 1900
S.-S. 953	Akop	Johannissian	Schuscha	Russ. Lehrerseminar abs.	Buchner	3. Aug. 1900

Chemisches Institut der Universität Bonn.

W.-S. 359	Emil	Goecke	Duisburg-Hochfeld	Realgymn.-Abiturient	Anschütz	20. Dez. 1899
360	Romigius	Fresenius	Wiesbaden	Gymnasial-Abiturient	Anschütz	15. Febr. 1900
1831	Hermann	Wolff	Marburg i. H.	Gymnasial-Abiturient	Anschütz	20. Febr. 1900
1832	Arthur	Jahn	Berlin	Reife für Unterprima	Anschütz	21. Febr. 1900
1833	Friedrich	Bender	Bonn	Reife für Obersekunda	Anschütz	23. Febr. 1900

Chemisches Institut der Universität Bonn.

Fortsetzung.

Aufgedruckte No. der Zeugnisskarte	Vorname	Zuname	Geburtsort	Vorbildung	Examinatoren	Datum der Ausfertigung
W.-S. 1834	Heinrich	Bresgen (Apotheker)	Münstereifel	Reife für Obersekunda d. Gymn.	Anschütz	23. Febr. 1900
1835	Reinhold	Vorte	Siegburg	Reifezeugn. des College v. Stubbington, Hampshire, Engl. Gymn.-Abit.	Anschütz	21. Febr. 1900
1836	Fritz	Ferié (Apotheker)	Ahaus in Westfalen	Reife f. Obersekunda des Gymnasium	Anschütz	24 Febr. 1900
1837	Franz	Schneiders	Bonn	Reifezeugn. d. Oberrealsch.	Anschütz	2. März 1900
1838	Kurt	Moers	Berlin	Gymnasial-Abiturient	Anschütz	2. März 1900
1839	Julius	Sieben	Köln a. Rh.	Reife f. Obersekunda des Gymnasium	Anschütz	5. März 1900
S.-S. 1840	Hans	Schmitz	Crefeld	Reife f. Obersekunda des Gymnasium	Anschütz	10. Mai 1900
1841	Johann	Cremer (Apotheker)	Aachen	Obersekunda d. Realgymn.	Anschütz	2. Aug. 1900
1842	Hans	Meerwein	Hamburg	Reifezeugn. d. hum. Gymn.	Anschütz	2. Aug. 1900

Braunschweig. Techn. Hochschule. Laboratorium f. analyt. u. techn. Chemie

W.-S. 630	Wazlaw	Krassowsky	Moskau	Kom. Techn. Schule (Oberrealsch.) Matur	R. Meyer	27. Okt. 1899
2101	Eduard	Lajus	Reval	Gymnasium Primareife	R. Meyer	28. Febr. 1900
2102	Alfred	Mertineit	Kobbelbude b. Königsberg i. Pr.	Realgymn. Matur.	R. Meyer	4. April 1900
S.-S. 2103	Czaslaw	v. Wolf	Warschau	Gymnasium Primareife	R. Meyer	23. Juli 1900
2104	Franz	Kunschert	Pr. Komeise (Schlesien)	Oberrealsch. Matur.	R. Meyer	21. Juli 1900

Braunschweig. Techn. Hochschule. Laboratorium f. analyt. u. techn. Chemie.

Fortsetzung.

Aufgedruckte No. der Zeugniss-karte	Vorname	Zuname	Geburtsort	Vorbildung	Examinatoren	Datum der Ausfertigung
S.-S.						
2105	Willy	Laskowsky	Hildesheim	Gymnasium Einjähr. Prüfung	R. Meyer	14. Juli 1900
2106	Otto	Kippe	Klocken-hagen (Mecklenb.)	Realgymnas. Einjähr. Prüfung	R. Meyer	13. Juli 1900
2107	Albert	Vetterlein	Gr. Müh-lingen (Anhalt)	Oberrealsch. Einjähr. Prüfung	R. Meyer	3. Aug. 1900

Pharm.-chem. Laboratorium der Techn. Hochschule in Braunschweig.

W.-S.						
275	Albin	Strickrodt	Ostheim	Apotheker	Beckurts	25. Nov. 1899
276	Carl	Beyer	Hitzacker	Apotheker	Beckurts	25. Nov. 1899
277	Rudolf	Heyser	Holzminden	Apotheker	Beckurts	25. Nov. 1899
S.-S.						
279	Hans	Barnbeck	Helmstedt	*	Beckurts	17. Juli 1900
280	Franz	Hurdel-brink	Lüchow	*	Beckurts	17. Juli 1900

Chemisches Institut der Universität Breslau.

S.-S.						
1306	Edmund	Obarski	Breslau	*	Ladenburg	25. Okt. 1899
1307	Karl	Andree	Breslau	Abitur. eines Realgymn.	Ladenburg	26 Okt. 1899
1308	Paul	Backe	Merzdorf (Schlesien)	Abitur. eines Realgymn.	Zincke Ladenburg	21. Juli 1899 31. Okt. 1899
1309	Helmuth	Müller	Troppau	Magister d. Pharmacie	Ladenburg	3. Nov. 1899
1310	Wilhelm	Schneider	Rothlach bei Bunslach	*	Ladenburg	11. Dez. 1899
1311	Emil	Rieger	Reichenstein (Schlesien)	Abitur. eines Realgymn.	Ladenburg	12. Dez. 1899
1312	Edmund	Springer	Ostrowo	Prima eines Gymnasiums	Ladenburg	13. Dez. 1899
1313	Freiherr Oswald	v. Brackel	Schloss Nord-borgen (Westfalen)	Abitur. eines Gymnasiums	Ladenburg	20. Jan. 1900
1314	Ernst	Thorausch	Leutmanns-dorf (Schlesien)	Abitur. eines Realgymn.	Ladenburg	26. Febr. 1900
1315	Hans	Riesenfeld	Kattowitz	Abitur. eines Gymnasiums	Ladenburg	2. März 1900

Chemisches Institut der Universität Breslau.

Fortsetzung.

Aufgedruckte No. der Zeugniss-karte	Vorname	Zuname	Geburtsort	Vorbildung	Examinatoren	Datum der Ausfertigung
W.-S. 1316	Walther	Castner	Breslau	Abitur. eines Realgymn.	Ladenburg	6 März 1900
S.-S. 1317	Otto	Sackur	Breslau	Abitur. eines Gymnasiums	Ladenburg	7. Mai 1900
1318	Felix	v. Grabski	Stempowo (Russ.Polen)	Abitur. eines Gymnasiums	Ladenburg	19. Juni 1900
1319	Reinhold	Knick	Breslau	Abitur. eines Realgymn.	Ladenburg	23. Juni 1900
1320	Emmanuel	Kroener	Lindenau (Schlesien)	Abitur. einer chem. Fachklasse	Ladenburg	25. Juni 1900
1321	Max	Wöln	Osterode (Ostpreuss.)	Obersecunda eines Realgymnasiums	Ladenburg	26. Juni 1900
1322	Lorenz	Krebs	Galatz (Rumänien)	Abitur. eines Gymnasiums	Ladenburg	3. Juli 1900
1323	Otto	Gaebel	Breslau	Abitur. eines Realgymn.	Ladenburg	13. Juli 1900
1324	Karl	Löffler	Reichenberg (Böhmen)	Höh. Staats-Gewerbesch.	Ladenburg	13. Juli 1900
1325	Georg	Schwabbauer	Lublinitz (Schlesien)	Oberpriman.	Ladenburg	28. Juli 1900
1326	Fritz	Jander	Glogau	Abitur. einer Oberrealsch.	Ladenburg	28. Juli 1900
1327	Hans	Wolf	Merane (Sachsen)	Abitur. eines Realgymn.	Ladenburg	30. Juli 1900
1328	Paul	v.Schroeder	Tharandt	Lehrersemin.	Ladenburg	1. Aug. 1900

Landw. technol. Institut der Universität Breslau.

W.-S. 1368	Hans	Friedrich	Breslau	Oberrealsch. bis Obersekunda, Abgangszeugn. von chem. Fachschule	Ahrens	27. Feb. 1900
1369	Fritz	Kuhn	Breslau	Oberrealsch. bis Obersekunda, Abgangszeugn. von chem. Fachschule	Ahrens	27. Feb. 1900

Landw. technol. Institut der Universität Breslau.

Fortsetzung.

Auf-gedruckte No. der Zeugniss-karte	Vorname	Zuname	Geburtsort	Vorbildung	Examinatoren	Datum der Ausfertigung
S.-S. 1370	Fritz	Sturm	Breslau	Gymnasium bis Prima	F. B. Ahrens Michaelis	24. April 1900
1035	Ernst	Pescheck	Liegnitz	Abgangs-zeugn. v. d. Landwirt-schaftsschul.	Michaelis F. B. Ahrens	31. Juli 1900

Chem. Institut der Techn. Hochschule Darmstadt.

S.-S. 434	Heinrich	Heller	Offenbach a/M.	Realschule	Dr. Staedel	8. Mai 1900

Chem.-technisches u. elektrochemisches Institut der Techn. Hochschule Darmstadt.

W.-S. 393	Wilhelm	Braun	Melsungen	Reifezeugn. Gymnasium	Dieffenbach	17. Jan. 1900
394	Wilhelm	Simmer-macher	Darmstadt	Reifezeugn. Realgymn.	Dieffenbach	7. März 1900
395	Wilhelm	Nover	Giessen	Reifezeugn. Gymnasium	Dieffenbach	7. März 1900
396	Rudolf	Weyprecht	Michelstadt	Reifezeugn. Realgymn.	Dieffenbach	7. März 1900
398	Heinrich	Schneider	Darmstadt	Reifezeugn. Realgymn.	Dieffenbach	7. März 1900
S.-S. 399	Ferdinand	Glaser	Coburg	Reifezeugnis Gymnasium	Dieffenbach	21. Juli 1900

Chemische Laboratorien der Technischen Hochschule Dresden.

W.-S. 1462	Alfred	Stein	Meissen	Obersekunda	W. Hempel E. v. Meyer	17. Nov. 1899
1463	Walther	Bode	Dresden	Gymnasium Mat.	W. Hempel E. v. Meyer	13. Okt. 1899
1464	Max	v. Dittmann	Petersburg	Gymnasium Mat	W. Hempel E. v. Meyer	11. Okt. 1899
1465	Edmund	Gräfe	Dresden	Lehrersemin. absolv.	W. Hempel E. v. Meyer	11. Okt. 1899
1466	Josef	Rosenthal	Temesvar	Ungar.Staats-Oberreal-schule Mat.	W. Hempel E. v. Meyer	11. Okt. 1899

Chemische Laboratorien der Technischen Hochschule Dresden.

Fortsetzung.

Auf-gedruckte No. der Zeugniss-karte	Vorname	Zuname	Geburtsort	Vorbildung	Examinatoren	Datum der Ausfertigung
W.-S. 1467	Willy	Schu-macher	Brooklyn	Deutsches Realgymn. Mat.	W. Hempel E. v. Meyer	12. Okt. 1899
1468	Ludwig	Sproesser	Stuttgart	Gymnasium Mat.	W. Hempel E. v. Meyer	12. Okt. 1899
1469	Edmund	v. Trepka	Wielka (Russland)	Höhere Ge-werbeschule Lodz absolv.	W. Hempel E. v. Meyer	12. Okt. 1899
1470	Artasches	Minassiantz	Trapezunt	Russ. Real-schule absolv.	W. Hempel E. v. Meyer	12. Okt. 1899
S.-S. 1471	Moritz	Eckardt	Dresden	Realschule absolv.	W. Hempel E. v. Meyer	19. April 1900
1472	Alfred	Friessner	Zwickau	Gymnasium Mat.	W. Hempel E. v. Meyer	19 April 1900
1473	Alfred	Heiduschka	Dresden	Realgymn. Mat.	W. Hempel E. v. Meyer	19. April 1900
1474	Siegmund	Klein	Nürnberg	Bayr. Indu-strieschule absolv.	W. Hempel E. v. Meyer	19. April 1900
1475	Hans	Neuhäuser	Dresden	Realgymn. Mat.	W. Hempel E. v. Meyer	20. April 1900
1476	Wladimir	Rodionow	Moskau	Oberreal-schule Mat.	W. Hempel E. v. Meyer	20. April 1900
1477	Albert	Sommer	Weinheim (Baden)	Gymnasium Mat.	W. Hempel E. v. Meyer	20. April 1900
1478	Arthur	Zscheile	Dresden	Realgymn. Mat.	W. Hempel E. v. Meyer	20. April 1900
1479	Richard	Zimmer-mann	Berlin	Höhere Ge-werbeschule Chemnitz absolv.	W. Hempel E. v. Meyer	21. April 1900
1480	Carlos	Thode	Trinidad de Cuba	Gymnasium Mat.	W. Hempel E. v. Meyer	21. April 1900
1481	Victor	Mikulitsch	Stratersk (Russland)	Russ. Real-schule absolv.	W. Hempel E. v. Meyer	21. April 1900

Chemisches Laboratorium der Universität Erlangen.

W.-S. 1642	Hermann	Holzmann	Marggrabowa (Preussen)	Apotheker	O. Fischer	10. Nov. 1899
1643	Theodor	Merl	Nürnberg	Apotheker	O. Fischer	24. Nov. 1899
1644	Albert	Spitta	Neumarkt (Oberpfalz)	Apotheker	O. Fischer	24. Nov. 1899
1645	Julius	Ullbricht	Dresden	Apotheker	O. Fischer	24. Nov. 1899

Chemisches Laboratorium der Universität Erlangen.

Fortsetzung.

Aufgedruckte No. der Zeugnisskarte	Vorname	Zuname	Geburtsort	Vorbildung	Examinatoren	Datum der Ausfertigung
W.-S.						
1646	Eduard	Bergmann	Schledehausen (Hannover)	Apotheker	O. Fischer	24. Nov. 1899
1647	Gottfried	Graf	Schnaittach (Bayern)	Hum. Gymn. (Abs.)	O. Fischer	12. Jan. 1900
1648	Theodor	Ulmer	Speyer	Hum. Gymn. (Abs.)	O. Fischer	2. März 1900
1649	August	Walter	Forchheim	Apotheker	O. Fischer	2. März 1900
1650	Ernst	Blume	Luisenthal (Preussen)	Realgymn. (Abs.)	O. Fischer	2. März 1900
S.-S.						
1651	Wilhelm	Reichenburg	Bruchsal	Apotheker	O. Fischer	22. Juni 1900

Pharmaceut. Institut u. Laborat. f. angew. Chemie d. Universität Erlangen.

W.-S.						
327	Heinrich	Schulze	Magdeburg	Approb. Apotheker Note I	C. Paal	5. Dez. 1899
328	Willibald	Pohl	Neustadt (Sachsen)	Approb. Apotheker Note II	C. Paal	2. Febr. 1900
329	Paul	Elten	Pasewalk (Pommern)	Approb. Apotheker Note I	C. Paal	28. Febr. 1900
S.-S.						
330	Otto	Dopfer	Ulm a. D.	Approb. Apotheker Note I	C. Paal	26. Juni 1900

Chemisches Institut der Universität Freiburg i. B. (medic. Abt.).

S.-S.						
406	Richard	Hennings	Büsum	Apothekerprüfung mit Note I	Kiliani	2. Juli 1900
407	Wilhelm	Kopp	Odenheim (Baden)	Apothekerprüfung mit Note I	Kiliani	27. Juli 1900
408	Konrad	van Emster	Aachen	Apothekerprüfung mit Note I	Kiliani	27. Juli 1900
409	Otto	Mayer	Freiburg i. B.	Apothekerprüfung mit Note I	Kiliani	30. Juli 1900

Chemisches Institut der Universität Freiburg i. B. (philosoph. Abt.).

Aufgedruckte No. der Zeugniss-karte	Vorname	Zuname	Geburtsort	Vorbildung	Examinatoren	Datum der Ausfertigung
W.-S.						
1501	Alexander	Kapeluse	Alt-Brodey (Oesterreich)	Gymnasial-Abiturient	Rüdorff Schulz Willgerodt*)	25. Nov. 1899
1223	Karl	Vogel	Barbecke	Realschule Prima-Abgangszeugn.	Willgerodt	29. Nov. 1899
1222	Anton	Burr	Kreien (Mecklenb.-Schwerin)	Obersekunda Gymnasium	Willgerodt Meigen	4. Dez. 1899
1224	Emil	Arnold	Emmendingen(Bad.)	Unterprima Gymnasium	Willgerodt	4. Dez. 1899
1213	Wilhelm	Bergdolt	Saarburg i. L.	Sekunda Gymnasium	Willgerodt Meigen	11. Dez. 1899
1212	Jakob	Ollendorff	Bonn	Obersekunda Gymnasium	Willgerodt Meigen	20. Dez. 1899
1229	Kurt	Möckel	Erfurt	Gymnasial-Abiturient	Willgerodt	20. Dez. 1899
1227	Albert	Landenberger	Stuttgart	Realgymn. Abiturient	Willgerodt	24. Jan. 1900
1230	Wilhelm	Normann	Petershagen (Westfalen)	Obersekunda Gymnasium	Willgerodt	26. Jan. 1900
1228	Franz	Stadlmayr	Hadersdorf	Gymnasial-Nichtabitur. Mag.d.Phar.	Willgerodt	29. Jan. 1900
1232	Richard	Fritze	Berlin	Gymnasial-Abiturient	Willgerodt	19. Febr. 1900
1225	Carl	Wittenstein	Elberfeld	Gymnasial-Abiturient	Willgerodt	23. Febr. 1900
1231	Richard	Rhodius	Antwerpen	Oberrealsch.-Abiturient	Willgerodt	23. Febr. 1900
1236	Karl	Röttele	Wildthal	Oberrealsch.-Abiturient	Willgerodt	28. Febr. 1900
1226	Reinhold	Theile	Zittau	Gymnasial-Abiturient	Willgerodt	1. März 1900
1237	Matthias	Röllert	Duisburg	Realgymn.-Abiturient	Willgerodt	5. März 1900
1238	Richard	Blochmann	Berlin	Realgymn.-Abiturient	Willgerodt	7. März 1900
S.-S.						
1529	Fritz	Wittenberg	Wiesbaden	Abitur. eines Realgymn.	J. Wislicenus Gattermann	21. Mai 1900
1959	Friedrich	Jäger	Hildesheim	Abitur. eines Gymnasium	Wallach Gattermann	12. Juli 1900
1523	Paul	Kauffmann	Nied.-Sedlitz bei Dresden	Abitur. eines Gymnasium	Rüdorff Gattermann	26. Juli 1900

*) In Vertretung von Claus.

Chemisches Universitätslaboratorium Giessen.

Auf-gedruckte No. der Zeugniss-karte	Vorname	Zuname	Geburtsort	Vorbildung	Examinatoren	Datum der Ausfertigung
W.-S. 177	Johannes	Schroeder	Guntersblum	Realgymn.-Reife-zeugniss	Alex. Naumann	11. Dec. 1899
S.-S. 178	Georg	Frhr. von Behr	Weiss-Pomusch (Russland)	Gymnasial-Reifezeugniss	Alex. Naumann	16. Mai 1900
179	Max	Müller	Schenkendorf	Realgymn.-Reife-zeugniss	Alex. Naumann	10. Juli 1900
180	Paul	Schulz	Reitwein	Realgymn.-Reife-zeugniss	Alex. Naumann	10. Juli 1900
181	Karl	Schaum	Langgöns	Realgymn.-Reife-zeugniss	Alex. Naumann	16. Juli 1900
182	Fritz	Rodewald	Gummers-bach	Apotheker	Alex. Naumann	27. Juli 1900
183	Karl	Döhne	Neuhof (Preussen)	Apotheker	Alex. Naumann	28. Juli 1900
184	Berko	Epstein	Krewo (Russland)	*	Alex. Naumann	28. Juli 1900

Physik.-Chem. Laborat. der Universität Giessen.

W.-S. 1752	Albert	Besson	Stuttgart	Abit. Kan-tonsschule Frauenfeld (Schweiz)	Elbs	27. Okt. 1899
1753	Wilhelm	Orth	Giessen	Gymnas. bis Unterprima	Elbs	27. Okt. 1899
1755	Arthur	Zöhls	Bük (Ungarn)	Abit. Ober-realschule	Elbs	3. Nov. 1899
1756	Ernst	Frei	Wien	Abit. Ober-realschule	Elbs	13. Nov. 1899
1757	Ottokar	Urbasch	Wien	Abit. Ober-realschule	Elbs	13. Nov. 1899
1758	Christian	Wipplinger	Kassel	Abit. Gymn.	Elbs	18. Nov. 1899
1759	Wilhelm	Mehring	Hannover	Abit. Gymn.	Elbs	1. Dez. 1899
1754	Heribert	Zehrlaut	Mainz	Abit. Real-gymnasium	Elbs	14. Febr. 1900
S.-S. 1762	Richard	Heuerling	Wimpfen	Abit. Real-gymnasium	Elbs	7. Juli 1900

Universitätslaboratorium Göttingen.

Aufgedruckte No. der Zeugnisskarte	Vorname	Zuname	Geburtsort	Vorbildung	Examinatoren	Datum der Ausfertigung
W.-S. 149	Carl	Fredenhagen	Loitz i. Po.	Abit. Realgymnasium	Wallach	7. Nov. 1899
150	Percy Philip	Phillips	London	City & Guilds Coll. London	Wallach	7. Nov. 1899
859	Richard	Koech	Breslau	Abiturient hum. Gymn.	Wallach	7. Nov. 1899
1951	Ernest	Bolser	Amesburg Mss.	Baccalaur. Dartmouth Univ.	Wallach	12. Dez. 1899
1952	Friedrich	Bengen	Hannover	Abiturient hum. Gymn.	Wallach	12. Dez. 1899
1955	Wilhelm	Friese	Illingen (Rheinpr.)	Obersecunda hum. Gymn.	Wallach	20. Febr. 1900
1958	Georg	Schachtrupp	Barntrup in Lippe	Obersec. Realgymn. Phar. Staatsexam.	Wallach	20. Febr. 1900
1956	Ernst	Sommerfeldt	Königsberg in Pr.	Abiturient hum. Gymn.	Wallach	20. Febr. 1900
1953	Ludwig	Fresenius	Hanau a. M.	Abit. Oberrealschule	Wallach	20. Febr. 1900
1957	Hendrik	van Beeck-Vollenhoven	Amsterdam	Abit. Realsch.	Wallach	20. Febr. 1900
1854	Fritz	Thölke	Labes i. Pr.	Abiturient Realgymn.	Wallach	20. Febr. 1900
1960	Ernst	Krüger	Uphausen	Abiturient Realgymn.	Wallach	2. März 1900
1961	Rudolph	Hauers	Hannover	Abiturient Realgymn.	Wallach	2. März 1900
1962	Felix	Kämpf	Friedrichroda	Abiturient hum. Gymn.	Wallach	2. März 1900
1522	Fritz	Collmann	Posen	Abiturient Realgymn.	Wallach	2. März 1900
1963	Otto	Sevin	Leipzig	Abit. Oberrealschule	Wallach	2. März 1900
S.-S. 1964	Hans	Boetticher	Mühlhausen in Thür.	Abit. Gymn.	Wallach	22. Mai 1900
1965	Friedrich	Bartens	Hannover	Abit. Realgymn.	Wallach	22. Mai 1900
1967	Wilhelm	Eich	Köln-Nippes	Abiturient hum. Gymn.	Wallach	11. Juli 1900
1968	Friedrich	Wagner	Hildesheim	Abiturient hum. Gymn.	Wallach	11. Juli 1900
1969	Ernst	Amelung	Karlshafen	Abit. Realgymn.	Wallach	11. Juli 1900
1548	Paul	Spiess	Stolberg (Rheinpr.)	Abiturient hum. Gymn.	Wallach Wislicenus	11. Juli 1900

Universitätslaboratorium Göttingen.

Fortsetzung.

Aufgedruckte No. der Zeugnisskarte	Vorname	Zuname	Geburtsort	Vorbildung	Examinatoren	Datum der Ausfertigung
S.-S. 1971	Johann	Huismann	Leer in Hannover	Abiturient hum. Gymn.	Wallach	26. Juli 1900
1972	August	Fricke	Fallingbostel (Hannover)	Abiturient hum. Gymn.	Wallach	26. Juli 1900

Agricultur-chemisches Laboratorium der Universität Göttingen.

W.-S. 1578	Wilhelm	König	Fulda	Abiturient d. hum. Gymn. in Fulda	B. Tollens	17. Nov. 1899
1576	P. A.	Yoder	La Grange Ind. Ver. St. Amerika	Chicago-Universität	B. Tollens	16. Jan. 1900
S.-S. 1577	M.	van Marle	Hilversum (Holland)	Gymn.-Exam. in s'Gravenhage	B. Tollens	25. April 1900
1579	Ch. A,	Browne	North Adams Mass. V. St. Amerika	Williams College in Williamstown Mass. V. St Amerika	B. Tollens	17. Juli 1900

Chemisches Institut der Universität Greifswald.

W.-S. 837	Paul	Fackelmann	Nordhausen	Realgymn. Abiturient	H. Schwanert Limpricht	8. Nov. 1899
838	Alexander	Deinhardt	Wieselbach bei Weimar	Realgymn. Abiturient	H. Schwanert Th. Posner	24. Nov. 1899
839	Heinrich	Hoffmann	Potsdam	Realgymn. Abiturient	H. Schwanert	19. Febr. 1900
711	Otto	Claudius	Flensburg	Oberrealschule Abit.	H. Schwanert Th. Posner	26. Febr. 1900
S.-S. 840	Reinhold	Kölling	Verbellin	Gymn. Abit.	H. Schwanert	26 Juni 1900
712	Conrad	Bartelt	Prenzlau	Gymn. Abit.	H. Schwanert	17. Juli 1900
713	Ernst	Lühder	Greifswald	Gymn. Abit.	H. Schwanert	3. Aug. 1900
714	Gustav	Hilgendorff	Parchim in Mecklenburg	Realgymn. Abiturient	H. Schwanert	3. Aug. 1900

Technische Hochschule Hannover. Laboratorium für Anorganische Chemie.

Aufgedruckte No. der Zeugnisskarte	Vorname	Zuname	Geburtsort	Vorbildung	Examinatoren	Datum der Ausfertigung
W.-S.						
243	Wilhelm	Aue	Hannover	Gymn. Abit.	Seubert	17. Okt. 1899
250	Erich	Gunkel	Eilenburg	Realschule (Obersekundareife)	Seubert	26. März 1900
791	Rudolf	Morisse	Elberfeld	Realgymn. Abiturient	Seubert	19. März 1900
792	Ferdinand	Gollücke	Bremen	Gymn. Abit.	Seubert	23. März 1900
852	Hermann	Schreiber	Hannover	Realgymn. Abiturient	Seubert	29. März 1900
795	Hans	Hilbig	Breslau	Realgymn. Abiturient	Seubert	3. April 1900
S.-S.						
794	Albert	Rönneburg	Uelzen	Realgymn. (Primareife)	Seubert	12 Juli 1900
796	Heino	Hahn	Stralsund	Realgymn. (Primareife)	Seubert	12. Juli 1900
799	Paul	Roth	Eisern bei Siegen	Realgymn. Abiturient	Seubert	15. Juli 1900

Universitäts-Laboratorium in Heidelberg.

W.-S.						
1109	Philipp	Dr. med. Rupp	New-York	College of Mines	Curtius	30. Okt. 1899
1104	Walter	Gruschwitz	Dresden	Realgymn. bis Ib.	Curtius	20. Nov. 1899
1128	Wilhelm	Heckel	Naila (Bayern)	Industrie-schul.absolv.	Curtius	1. Dez. 1899
1131	Eberhard	Harding	Minnesota	*	Curtius	5. Dez. 1899
913	Michael	Pugin	Valdivia	Realgymn. absolv.	Curtius	8. Dez. 1899
566	Otto	Müller	Jever	Hum Gymn. bis IIb incl.	Hilger Curtius	19. Dez. 1899
917	Otto	Hübner	Berlin	Gymnasium IIa incl.	Curtius	19. Dez. 1899
1107	Max	Zimmer	Weinheim	Gymn.absolv.	Curtius	10. Jan. 1900
1108	Max	Mündler	Frankenthal	Gymn.absolv.	Curtius	6. Febr. 1900
1110	Ludwig	Huber	Mannheim	Realgymn. absolv.	Curtius	6. Febr. 1900
919	Arnold	Faitelowitz	Schadow (Russland)	Volksschule	Curtius	9. Febr. 1900
564	Wilhelm	Caesar	Grenzhausen	Gymn.absolv.	Hilger Curtius	9. Febr. 1900
1103	Karl	Woltze	Köln	Hum. Gymn. bis IIa incl.	Curtius	14. Febr. 1900
916	Fritz	Otte	Wichtringhausen	Oberreal-schul.bis IIa.	Rüdorff Curtius	14. Febr. 1900

Universitäts-Laboratorium in Heidelberg.

Fortsetzung.

Aufgedruckte No. der Zeugnisskarte	Vorname	Zuname	Geburtsort	Vorbildung	Examinatoren	Datum der Ausfertigung
W.-S. 1106	**Friedrich**	**Winternitz**	Grottau (Böhmen)	Lateinlose Gewerbe-schul.absolv.	Curtius	28. Febr. 1900
S.-S. 950	**Ernst**	**Darmstädter**	Mannheim	Hum. Gymn. Ib.	Curtius	4. Mai 1900
1115	**Hans**	**Pringsheim**	Oppeln	Realgymn. bis Ib.	Curtius	9. Mai 1900
906	**Karl**	**Müller II**	Essen (Ruhr)	Realgymn. absolv.	Rüdorff Curtius	9. Mai 1900
1114	**Oskar**	**Löw-Beer**	Brünn	Österr.lateinl. Oberreal-schule	Curtius	17. Mai 1900
1129	**Adolph**	**Riedel**	Freudenthal (Österr. Schlesien)	Österr. Ober-realschule	Curtius	17. Mai 1900
1119	**Aloys**	**Schmitz**	Köln	Realgymn. absolv.	Curtius	31. Mai 1900
1150	**Hartwig**	**Franzen**	Nortorf	Realgymn. bis Ib. incl.	Curtius	19. Juni 1900
1132	**Harry**	**Ulrich**	Neisse	Cadetten-corps absolv.	Curtius	3. Juli 1900
1127	**Bernhard**	**van der Laan**	Jemgum (Hannover)	Hum. Gymn. bis IIa.	Curtius	3. Juli 1900

Laboratorium des Prof. Fr. Krafft in Heidelberg.

Aufgedruckte No. der Zeugnisskarte	Vorname	Zuname	Geburtsort	Vorbildung	Examinatoren	Datum der Ausfertigung
W.-S. 1354	**Otto**	**Miltsch**	Apolda	Abiturient d. hum. Gymn.	F. Krafft	24. Nov. 1899
1355	**Eduard**	**Herzog**	Fussgönn-heim	Gymn.bis IIa; Apotheker	F. Krafft	15. Dec. 1899
1356	**Walther**	**Hoedt**	Bonn	Gymn.bis IIa; Apotheker	F. Krafft	15. Dec. 1899
1357	**Willy**	**Fuchs**	Wien	Abit. d. Ober-realschule	F. Krafft	10. Jan. 1900
1358	**Wilhelm**	**Eissing**	Lingen	Abit. d. hum Gymn.	F. Krafft	26. Febr. 1900
1359	**Theodor**	**Neumayer**	Eberbach	Abit. d. Real-gymn.	F. Krafft	5. März 1900
S.-S. 1360	**Joachim**	**Stern**	Georgenburg	Abit. d. Ober-realschule	F. Krafft	1. Juni 1900
1361	**Alfred**	**Möllinger**	Osthofen	Abit. d. hum. Gymn.	F. Krafft	15. Juni 1900

Laboratorium des Prof. Fr. Krafft in Heidelberg.

Fortsetzung.

Auf-gedruckte No. der Zeugniss-karte	Vorname	Zuname	Geburtsort	Vorbildung	Examinatoren	Datum der Ausfertigung
S.-S. 1362	**Franz**	**Bloch**	Eydtkuhnen	Apotheker; Gymn. bis IIa.	F. Krafft	17. Juli 1900
1363	**Oskar**	**Wittenstein**	Barmen	Gymn. bis IIa; Oberrealschule bis Ib.	F. Krafft	6. Aug. 1900

Universitätslaboratorium Jena.

W.-S. 562	**Constantin**	**Jacobi**	Gehaus	Absolv. des hum. Gymn.	Knorr	25. Jan. 1900
378	**Rudolph**	**Freydag**	Hamburg	Absolv. des hum. Gymn.	Knorr	20. Febr 1900
379	**Daniel**	**Heynsius**	Leiden	Absolv. einer landw. Hochschule	Knorr	5. März 1900
380	**Guido**	**Lorentz**	Glauchau	Phar. Staatsexamen I.	Knorr	1. April 1900
2201	**Fritz**	**Elze**	Jena	Absolv. des hum. Gymn.	Knorr	1. April 1900
2202	**Paul**	**Bock**	Remschütz	Absolv. des Realgymn.	Knorr	1. April 1900
2203	**Rudolph**	**Lemme**	Grossenbehringen	Phar. Staatsexamen I.	Knorr	1. Mai 1900
S.-S. 1205	**Hermann**	**Bufleb**	Eisenach	Absolv. des hum. Gymn.	Knorr	15. Mai 1900
2204	**Hans**	**Lindenhayn**	Leipzig	Absolv. des Realgymn.	Knorr	30. Juli 1900
2205	**Hermann**	**Fecht**	Strassburg	Absolv. des hum. Gymn.	Knorr	3. Aug. 1900
2206	**Karl**	**Weilinger**	Burgau	Apotheker Note I	Knorr	3. Aug. 1900
2207	**Paul**	**Schelle**	Dresden	Apotheker Note I	Knorr	3. Aug. 1900
2208	**Wilhelm**	**Schenke**	Berge	Apotheker Note II	Knorr	3. Aug. 1900

Chemisches Laboratorium der Technischen Hochschule zu Karlsruhe.

W.-S. 1386	**Otto**	**Staehlin**	Offenburg	Abiturent d. hum. Gymn.	Engler	5. Okt. 1899
1387	**Hermann**	**Pauli**	Rheinau	Unterprima d. Gymn.	Engler	23. Okt. 1899

Chemisches Laboratorium der Technischen Hochschule zu Karlsruhe.

Fortsetzung.

Aufgedruckte No. der Zeugnisskarte	Vorname	Zuname	Geburtsort	Vorbildung	Examinatoren	Datum der Ausfertigung
W.-S. 1388	Emil	Wohnlich	Gondelsheim	Phar. Staatsprüfung mit Note I	Engler	24. Okt. 1899
S.-S. 1395	Gustav	Reinicke	Halle	Abiturient d. Oberrealsch.	Engler	18. Juli 1900
1396	Max	Trautz	Karlsruhe	Abiturient d. hum. Gymn.	Engler	18. Juli 1900
1397	Stanislaus	Heymann	Pratka	Abiturient d. Gymnasium	Engler	18. Juli 1900
1398	Rudolf	Geipert	Biebesheim	Dr. phil.	Engler	20. Juli 1900

Universitätslaboratorium Kiel.

Aufgedruckte No. der Zeugnisskarte	Vorname	Zuname	Geburtsort	Vorbildung	Examinatoren	Datum der Ausfertigung
W.-S. 487	Ludwig	Schaumann	Altona	Gymnasium bis Obersek.	L. Claisen	15. Jan. 1900
905	Alfred	Behre	Hamburg	Realgymn. Abiturient	L. Claisen	16. Jan. 1900
1389	Erwin	Fussenegger	Dornbirn	Oesterreich. Realschule, 7 klassig	L. Claisen	25. Jan. 1900
484	Fritz	Bade	Gremsmühlen	Abiturient v. 9 klassiger Oberrealsch.	L. Claisen	2. Febr. 1900
488	Walter	Peltz	Schneeberg (Sachsen)	Hum. Gymn. bis Obersek.	L. Claisen	5. März 1900
486	Albrecht	Erlenmeyer	Bendorf	Abiturient v. hum. Gymn.	L. Claisen	8. März 1900
487	Max	Prandl	Cham (Bayern)	Realgymn. bis Obersek.	L. Claisen	8. März 1900
490	Hans	Kühl	Karlsburg	Abiturient v. Realgymn.	L. Claisen	8. März 1900
2171	Conrad	Meyer	Alfeld (Hannover)	Realgymn. b. Obersek.	L. Claisen	8. März 1900
2172	Hermann	Wanderscheck	Rendsburg	Abiturient v. Oberrealsch.	L. Claisen	8. März 1900
485	Otto	Kammann	Hollenstedt	Abiturient v. Realgymn.	L. Claisen	8. März 1900
S.-S. 2173	Robert	Dubusc	Aachen	Abiturient v. hum. Gymn.	L. Claisen	7. Juli 1900
2174	Willy	Lehmann	Seegertswalde (Ostpreuss.)	Abiturient v. Realgymn.	L. Claisen	7. Juli 1900
1220	Gustav	Freist	Engelnstedt (Braunschw.)	Abiturient v. hum. Gymn.	L. Claisen	7. Juli 1900

Chemisches Laboratorium der Universität Königsberg i. Pr.

Auf-gedruckte No. der Zeugniss-karte	Vorname	Zuname	Geburtsort	Vorbildung	Examinatoren	Datum der Ausfertigung
W.-S.						
447	Fritz	Seydel	Königsberg	Examinierter Apotheker	Lossen	30. Okt. 1899
448	Morduch	Kaplan	Turez (Russland)	Privatschule Telschi (Russland)	Lossen	31. Okt. 1899
449	Fritz	Morschöck	Karschau (Ostpreuss.)	Gymnasial-Abiturient	Lossen	30. Okt. 1899
S.-S.						
2026	Walther	Schörk	Mehlsack	Apotheker	Lossen	25. Mai 1900
2027	Kurt	Scheffler	Marien-werder	Realgymn. Abiturient	Lossen	25. Mai 1900
2029	Hans	Dück	Elbing	Realgymn. Abiturient u. Apotheker	Lossen	28. Mai 1900
2030	Walter	Röder	Grossjestin bei Kolberg	Gymnasial-Abiturient	Lossen	27. Juli 1900
2031	Mowscha	Scheinberg	Kowno	Privatausbil-dung	Lossen	27. Juli 1900
2032	Walter	Bergau	Elbing	Realgymn.-Abiturient	Lossen	31. Juli 1900
2033	Max	Schultz	Weilburg	Realgymn.-Abiturient	Lossen	31. Juli 1900

I. Chemisches Universitäts-Laboratorium Leipzig.

W.-S.						
1531	Walter	Vieweg	Altenburg	Matur. Real-gymnasium	Wislicenus	24. Okt. 1899
1532	Max	Heller	Lubach (Böhmen)	Matur. Gymn.	Wislicenus	30. Okt 1899
1533	Heinrich Friedrich	Raeder	Haan (Rheinprov.)	Matur. Gymn.	Wislicenus	30. Okt. 1899
1534	Alfred Hermann	Essigke	Leipzig	Apotheker-prüfung mit Note I	Wislicenus	2. Nov. 1899
1535	Frank William	Hay	Basel	Matur. Ober-realschule	Wislicenus	3. Nov. 1899
1536	Emil Richard	Boehme	Leipzig	Apotheker-prüfung Note I	Wislicenus	23 Nov. 1899
1537	Emil Otto	Hüthig	Schkeuditz	Matur. Real-gymnasium	Wislicenus	27. Nov. 1899
1538	GustavFelix Wilhelm	Gugen-heim*)	Leipzig	Realschule	Wislicenus	1. Dez. 1899
1539	Oskar Lud-wig	Eberlein	Pösneck	Matur. Real-gymnasium	Wislicenus	2. Dez. 1899

*) Gestorben Juni 1900.

I. Chemisches Universitäts-Laboratorium Leipzig.

Fortsetzung.

Aufgedruckte No. der Zeugnisskarte	Vorname	Zuname	Geburtsort	Vorbildung	Examinatoren	Datum der Ausfertigung
W.-S.						
1540	Louis Johannes	Rossmann	Leipzig	Realgymn. Unterprima	Wislicenus	15 Dez. 1899
1541	Johannes Martin	Kuntze	Leipzig	Matur. Gymn.	Wislicenus	9. Jan. 1900
1542	Friedrich Martin	Fritzsche	Benndorf	Apothekerprüfung Note I.	Wislicenus	10. Jan. 1900
1543	Arthur	Bucky	Leipzig	Oeffentliche Handelslehranstalt	Wislicenus	13. Jan. 1900
1544	Arthur Karl Alfred	Werdermann	Stolp (Pommern)	Matur. Realgymnasium	Wislicenus	1. Febr. 1900
1545	Willy	Hinniger	Kökenitzsch	Matur. Realgymnasium	Wislicenus	23. Febr. 1900
1546	Wilhelm	Propach	Cronenberg	Matur. Oberrealschule	Wislicenus	23. Febr. 1900
S.-S.						
1551	Kurt Hermann	Borkel	Chemnitz	Matur. Realgymnasium	Wislicenus	30. April 1900
1553	Alfred B.	Searle	Sheffield	University College	Wislicenus	7. Mai 1900
1554	Paul	Oemisch	Wernigerode	Matur. Gymn.	Wislicenus	9. Mai 1900
1555	George Sheres	Cruikshanks	Pollokchaws (Schottland)	Anderson's College Glasgow	Wislicenus	19. Juni 1900
1556	Karl Julius Fritz	Müller	Halle a. S.	Apotheker Note I	Wislicenus	25. Juni 1900
1557	Evelyn	Wilbraham	Lanchester (England)	Clifton Coll.	Wislicenus	29. Juni 1900
1558	Frederik	Liljeblad	Norköping	Prima Realgymnasium	Wislicenus	29. Juni 1900
1559	Felix Harold	Holm	Zeist (Holland)	Oberbürgerschule Antwerpen	Wislicenus	2. Juli 1900
1560	Paul	Wand	Nordhausen	Matur. Realgymnasium	Wislicenus	6. Juli 1900
1561	Robert	Rose	Palermo	Coll. Harrow on the Hills	Wislicenus	10. Juli 1900
1562	Robert Duncombe	Abell	Bradwell (Cheshire)	Univers. Coll. Bangor	Wislicenus	19. Juli 1900
1563	Alfred Friedrich	Lenzner	Leipzig	Realschule, dann Kaufmann	Wislicenus	20. Juli 1900
1564	Alexander Hans	Neuhäusser	Leipzig	Realschule	Wislicenus	23. Juli 1900

Physik.-chem. Institut der Universität Leipzig.

Auf-gedruckte No. der Zeugniss-karte	Vorname	Zuname	Geburtsort	Vorbildung	Examinatoren	Datum der Ausfertigung
W.-S.						
877	Gustav	Schumacher	Crefeld	Oberrealsch.-Abiturient	Ostwald	22. Febr. 1900
878	Charles Ed.	Fawsitt	Glasgow	High School Glasgow	Ostwald	18. Dez. 1899
879	Frederick William	Skirrow	Lancaster (England)	Grammar School Lancaster	Ostwald	11. Jan. 1900
880	Jon	Scobai	Motca (Rumänien)	Gymnasial-Abit. (Jassy)	Ostwald	18. Jan. 1900
2003	William	Smeaton	Picton (Canada)	High School Picton	Ostwald	22. Febr. 1900
2004	Henry Leonard	Heathcote	Handsworth (England)	Grammar School Aston	Ostwald	1. März 1900
S.-S.						
2006	Henry Wheeler	Morse	San Diego (Calif.)	High School San Diego	Ostwald	4. Mai 1900
2008	Charles William	Foulk	Warren (Ohio)	High School Warren	Ostwald	4. Mai 1900
2001	Paul	Düllberg	Essen a. d. Ruhr	Gymnasial-unterprima	Ostwald	9. Mai 1900
2007	Ludwig	Sauer	Kriegshaber	Industriesch. Augsburg	Ostwald	9. Mai 1900
2010	Max	Ebert	Bockwa	Realgymn.-Abiturient	Ostwald	27. Juni 1900

Laborat. für angewandte Chemie der Universität Leipzig.

W.-S.						
534	Rud.	Hanisch	Leopoldshall (Anhalt)	Privatschule b. einj. freiw. Examen	E. Beckmann	21. Okt. 1899
535	Friedr.	Retzlaff	St. Marinae (U. S. A.)	Hum. Gymn. Reife f. Prim. Pharm. St.-Examen I	E. Beckmann	28. Okt. 1899
536	Hans	Schloss	Witzenhausen	Hum. Gymn. Reife für Prima	E. Beckmann	23. Okt. 1899
538	Friedrich	Preu	Bautzen	Hum. Gymn. Reife f. Prim. Pharm. St.-Examen I	E. Beckmann	4. Dez. 1899
539	Rudolf	Witz	Polička (Böhmen)	Absolvirte d. Staats-Oberrealschule in Brünn	E. Beckmann	13. Febr. 1900

Laborat. für angewandte Chemie der Universität Leipzig.

Fortsetzung.

Aufgedruckte No. der Zeugniss-karte	Vorname	Zuname	Geburtsort	Vorbildung	Examinatoren	Datum der Ausfertigung
W.-S. 540	Georg	Koitzsch	Dresden	Hum. Gymn. Matur.	E. Beckmann	2. März 1900
2151	Otto	Kämpfe	Eisenberg (S.-Altenb.)	Hum. Gymn. Matur.	E. Beckmann	7. März 1900
S.-S. 537	Walther	Hentschel	Nossen (Kgr. Sachs.)	Hum. Gymn. einschl Obersekunda Pharm. St.-Examen I	E. Beckmann	24. April 1900
2152	Oscar	Engels	Hückeswagen	Hum. Gymn. Reife f. Prim.	E. Beckmann	19. Mai 1900

Chem. Laborat. des physiol. Institutes der Universität Leipzig.

W.-S. 50	Fritz	Müller	Saalfeld	Matur. Realgymnasium	M. Siegfried	25. Jan. 1900
S.-S. 2376	Ludwig	Richard	Frankfurt a. M.	Realgymn. Matur.	M. Siegfried	18. Mai 1900
2377	Hans	Beyer	Dresden	Realschule	M. Siegfried	18. Mai 1900
2378	Erwin	Singewald	Gera-Untermhaus	Realschule	M. Siegfried	27. Juni 1900
2379	Wilhelm	Müller	Berlin	Gymnasium Unterprima	M. Siegfried	14. Juli 1900
2380	Heinrich	Liez	Ahmstorf	Realschule	M. Siegfried	21. Juli 1900

Chemisches Institut der Universität Marburg.

W.-S. 1098	Walter	Gaebel	Breslau	Realgymn. Reifezeugn.	Zincke	2. Dez. 1899
1064	Paul	Winzer	Cottbus	Abit. höhere Gewerbesch.	Zincke	2. Dez. 1899
1065	Fritz	Otto	Altendorf	Gymnasium Reifezeugn.	Zincke	15. Dez. 1899
1066	Alexander	Klingelhoffer	Moskau	Russ. Gymn. 7 Klassen	Zincke	15. Dez. 1899
1067	Karl	Büschelberger	Erfurt	Realgymn. Reifezeugn.	Zincke	7. März 1900
1068	Hermann	Bruncke	Wolfenbüttel	Gymnasium Reifezeugn.	Zincke	7. März 1900
1069	Hans	Fischer	Berlin	Realgymn. Reifezeugn.	Zincke	19. Dez. 1899

Chemisches Institut der Universität Marburg.

Fortsetzung.

Aufgedruckte No. der Zeugniss-karte	Vorname	Zuname	Geburtsort	Vorbildung	Examinatoren	Datum der Ausfertigung
W.-S. 1071	Ludwig	Corell	Marburg	Realgymn. Untersek.	Zincke	8. März 1900
1072	Hans	Goldenberg	Wiesbaden	Gymnasium Reifezeugn.	Zincke	8. März 1900
S.-S. 1073	Richard	v. d. Linde	Crefeld	Gymnasium Reifezeugn.	Zincke	12. Juni 1900
1070	Fritz	Ullrich	Frankf. a M.	Oberrealsch. Unterprima	Zincke	1. Juni 1900

Pharmaceut.-chem. Institut der Universität Marburg.

S.-S. 1812	Georg	Korndörfer	Michelbach	Gymnasium	E. Schmidt	29. Mai 1900
1813	Daniel	Bruns	Oldersum	Gymnasium	E. Schmidt	29. Mai 1900
1814	Alfred	Adlung	Stassfurt	Gymnasium	E. Schmidt	30. Mai 1900
1815	Wilhelm	Urban	Sonders-hausen	Gymnasium	E. Schmidt	14. Juli 1900
1816	Franz	Flaecher	Biberach	Apotheker	E. Schmidt	1. Aug. 1900
1817	Georg	Lehmann	Friedland	Apotheker	E. Schmidt	1. Aug. 1900
1818	Konrad	Rathgeb	Ellwangen	Apotheker	E. Schmidt	1. Aug. 1900

Chemisches Laboratorium des Staates in München.

W.-S. 1675	Gustav	Happe	Alfeld	Abs. des Real-gymnasium	v. Baeyer	27. Okt. 1899
1676	Berthold	Hoffmann	Marienberg	Abs. des hum. Gymnasium	v. Baeyer	31. Okt. 1899
1677	Friedrich	Ettlinger	Karlsruhe	Abs. des hum. Gymnasium	v. Baeyer	7. Nov. 1899
1678	Ludwig	Wunder	Nürnberg	Abs. des Real-gymnasium	v. Baeyer	21. Dez. 1899
1679	Peter	Guggemos	Kaufbeuren	Abs. des hum. Gymnasium	v. Baeyer	19. Jan. 1900
1680	Anselm	Kahn	Augsburg	Abs. des Real-gymnasinm	v. Baeyer	19. Febr. 1900
1681	Heinrich	Rossi	Hamm	Abs. des hum. Gymnasium	v. Baeyer	19. Febr. 1900
1682	Karl	Gundlach	Eisenach	Abs. des hum. Gymnasium	v. Baeyer	23. Febr. 1900
1683	Max	Herzberg	Altena	Abs. des hum. Gymnasium	v. Baeyer	6. März 1900
1684	Arthur	Stähler	Berlin	Abs des hum. Gymnasium	v. Baeyer	8. März 1900

Chemisches Laboratorium des Staates in München.

Fortsetzung.

Aufgedruckte No. der Zeugnisskarte	Vorname	Zuname	Geburtsort	Vorbildung	Examinatoren	Datum der Ausfertigung
W.-S.						
1685	Kurt	Gemoll	Ohlau	Apotheker	v. Baeyer	9. März 1900
S.-S.						
1686	Franz Andreas	Meyer	Hamburg	Abs. des hum. Gymnasium	v. Baeyer	18. Mai 1900
1687	Ludwig	Herrmann	Karlsruhe	Abs. des hum. Gymnasium	v. Baeyer	8 Juni 1900
1688	Walther	Lotz	Basel	Abs. des hum. Gymnasium	v. Baeyer	15. Juni 1900
1690	Ernst	Königs	Cöln	Abs. des hum. Gymnasium	v. Baeyer	2. Juli 1900
1691	Valentin	Wölfl	München	Abs. des hum. Gymnasium	v. Baeyer	6. Juli 1900
1692	Erich	Otto	Danzig	Abs. des hum. Gymnasium	v. Baeyer	16. Juli 1900
1693	Klaus	Witte	New-York	Abs. des hum. Gymnasium	v. Baeyer	16. Juli 1900
1233	Karl	Finckh	München	Abs. des hum. Gymnasium	C. Willgerodt v. Baeyer	19. Juli 1900
1694	Jesaiah	Cobliner	Posen	Abs. des hum. Gymnasium	v. Baeyer	23. Juli 1900
1695	Hermann	Leuchs	Nürnberg	Abs. des Realgymnasium	v. Baeyer	23. Juli 1900

Laboratorium für angewandte Chemie der Universität München.

W.-S.						
1626	Fritz	Wiedmann	Kaufbeuren	Apotheker Note I	Hilger	10. Nov. 1899
1627	Simon	Rothenfusser	München	Apotheker Note I	Hilger	25. Nov. 1899
1628	Friedrich	Schlegelmilch	Coburg	Hum. Gymn.	Hilger	18. Dez. 1899
1629	Friedrich	Rühl	Pritschona	Realgymn.	Hilger	19. Dez. 1899
1630	Friedrich	Isernhagen	Holzminden	Hum. Gymn.	Hilger	20. Dez. 1899
1631	Emil	Denks	Förderstadt	Apotheker Note II	Hilger	22. Dez. 1899
1632	Wilhelm	Gareis	Nürnberg	Apotheker Note II	Hilger	26. Jan. 1900
1633	Bruno	Kahlert	Braunschweig	Apotheker Note II	Hilger	23. Febr. 1900
1634	Wilhelm	Klenze	München	Realschule u. Industriesch.	Hilger	23. Febr. 1900
1635	Friedrich	Steiner	Weingarten	Apotheker Note II	Hilger	5. März 1900
1636	Friedr.	Tetzner	Hasserode	Apotheker Note II	Hilger	6. März 1900

Laboratorium für angewandte Chemie der Universität München.

Fortsetzung.

Aufgedruckte No. der Zeugnisskarte	Vorname	Zuname	Geburtsort	Vorbildung	Examinatoren	Datum der Ausfertigung
W.-S						
1637	Wilhelm	Crecelius	Frücht	Apotheker Note I	Hilger	6. März 1900
1638	Gottfried	Busch-hausen	Düsseldorf	Apotheker Note II	Hilger	8. März 1900
1639	Hans	Berblinger	Rendsburg	Apotheker Note II	Hilger	8. März 1900
1640	Franz	Trenka	Wien	Apotheker	Hilger	8. März 1900
2051	Rudolf	Lehmann	Breslau	Apotheker Note II	Hilger	9. März 1900
2052	Heinrich	Stein	Berlin	Hum. Gymn.	Hilger	9. März 1900
2053	Carl	Jäger	Strassburg i. E	Hum. Gymn. bis zur 8. Kl.	Hilger	11. März 1900
S.-S.						
2054	Wilhelm	Wedemann	Eisenach	Realgymn.	Weinland	29. Jan. 1900
2055	Georg	Barttlingk	Hildesheim	Realgymn.	Weinland	10. Juni 1900
2056	Gustav	Splitt-gerber	München	Apotheker	Hilger	27. Juni 1900
1630	Frdr.	Isernhagen	Holzminden	Hum. Gymn.	Hilger	6. Juli 1900
2057	August	v. Hösslin	Bergheim	Hum. Gymn.	Hilger	12. Juli 1900
2053	Hugo	Jäger	Kronach	Reife zur 8. Klasse des Gymn.	Hilger	20. Juli 1900
2058	Leopold	Rostosky	Nieder-schlema	Realgymn.	Weinland	26. Juli 1900
2059	Adolf	Rudloff	Halberstadt	Apotheker	Hilger	23. Juli 1900
2061	Curt	Feige	Eisleben	Apotheker Prüfung I	Weinland	25. Juli 1900
2060	Waldemar	Merckens	Mühlhausen i. E.	Oberreal-schule	Hilger	23. Juli 1900

Unorganisch-chemisches Laboratorium der technischen Hochschule München.

Aufgedruckte No. der Zeugnisskarte	Vorname	Zuname	Geburtsort	Vorbildung	Examinatoren	Datum der Ausfertigung
W.-S.						
1851	Rich.	Böhm	Kowno	Pharm. Approb. I	Muthmann	15. Nov. 1899
1852	Herm.	Holm	Flensburg	Absolvent Realgymn.	Muthmann	9. Jan. 1900
1853	Wilh.	Rudolph	Aschaffen-burg	Industrie-schule	Muthmann	23. Jan. 1900
1854	Rob.	Marc	Moskau	Absolvent Gymnasium Dresden	Muthmann	30. Jan. 1900
1855	Eberh.	Bosch	Nürnberg	Industrie-schule Nürnberg	Muthmann	7. Febr. 1900

Unorganisch-chemisches Laboratorium der technischen Hochschule München.

Fortsetzung.

Aufgedruckte No. der Zeugnisskarte	Vorname	Zuname	Geburtsort	Vorbildung	Examinatoren	Datum der Ausfertigung
W.-S. 1856	Gottfr.	Hauser	Augsburg	Industrieschule Augsburg	Muthmann	7. Febr. 1900
1857	Max	Schlötter	Nürnberg	Industrieschule Nürnberg	Muthmann	13. Febr. 1900
1859	Milton	Fox	München	Industrieschule	Muthmann	13. Febr. 1900
S.-S. 1860	Ludw.	Weiss	Gunzenhausen	Industrieschule	Muthmann	3. Mai 1900
1861	Karl	Ecker	Nussdorf	Industrieschule	Muthmann	17. Mai 1900
1862	Paul	Gutmann	Wertheim	Industrieschule	Muthmann	26. Juni 1900
1863	Vict.	v. Vigier	Solothurn	Industrieschule	Muthmann	12. Juli 1900
1864	Anton	Schüller	Herdecke	Abs. Realgymnasium	Muthmann	12. Juli 1900
1865	Georg	Warnecke	Braunschweig	*	Muthmann	18. Juli 1900
1866	Jos.	Reitinger	München	Industrieschule	Muthmann	19. Juli 1900

Organisches Laboratorium der technischen Hochschule München.

W.-S. 316	Max	Herrmann	Scheszlitz	Industrieschule	G. Schultz	8. Nov. 1899
317	Joseph	Erber	Oberaudorf bei Kufstein	Industrieschule	G. Schultz	12. Dez. 1899
318	Hans	Schwarz	Nürnberg	Industrieschule	G. Schultz	12. Jan. 1900
319	Heinrich	Heidner	Nürnberg	Realgymn.	G. Schultz	15. Jan. 1900
S.-S. 320	Michael	Tichomiroff	Tscherespowez (Russland)	Landwirtsch. Schule in Moskau	G. Schultz	26. April 1900
2301	Theodor	Sedlmayr	Czinfalva (Ungarn)	Hum. Gymn.	G. Schultz	1. Mai 1900
2302	Bernhard	Bergdoldt	Zisswingen	Industrieschule	G. Schultz	31. Mai 1900
2303	Gustav	Herzog	Nürnberg	Industrieschule	G. Schultz	31. Mai 1800
2304	Robert	Roehler	Fürth	Industrieschule	G. Schultz	21. Juni 1900

Chemisches Institut der Kgl. Akademie Münster i. W.

Aufgedruckte No. der Zeugnisskarte	Vorname	Zuname	Geburtsort	Vorbildung	Examinatoren	Datum der Ausfertigung
W.-S. 784	**Wilhelm**	**Storp**	Wanne	Obersekunda Apoth.Note I	Salkowski	8. Febr. 1900

Chemisches Universitäts-Laboratorium Rostock.

Aufgedruckte No. der Zeugnisskarte	Vorname	Zuname	Geburtsort	Vorbildung	Examinatoren	Datum der Ausfertigung
W.-S. 1017	**Karl**	**Grohman**	Wittenförde	Exam. Apoth. (gut)	Michaelis	8. Nov. 1899
1018	**Richard**	**Köster**	Schwerin	Exam. Apoth. (gut)	Michaelis	9. Nov. 1899
1019	**Paul**	**Atenstädt**	Dresden (Schirgiswalde)	Exam. Apoth. (sehr gut)	Michaelis	15. Nov. 1899
1020	**Conrad**	**Behn**	Altona	Exam. Apoth. (sehr gut)	Michaelis	17. Nov. 1899
1021	**Fritz**	**Bartsch**	Reichenbach (Schlesien)	Abit. d. Oberrealschule (Fachklasse)	Michaelis	22. Nov. 1899
1022	**Curt**	**Ludwig**	Berlin	Prima Gymn.	Michaelis	7. Dez. 1899
1023	**Theodor**	**Budde**	Woldegk	Exam. Apoth. (sehr gut)	Michaelis	18. Dez. 1899
1024	**Kurt**	**Eras**	Rittersgrün	Exam. Apoth. (sehr gut)	Michaelis	21. Dez. 1899
533	**Wilhelm**	**Putzenius**	Neuwarp	Exam. Apoth. (sehr gut)	E. Beckmann Leipzig Michaelis	16. Jan. 1900
1025	**Paul**	**Haacke**	Schwerin	Exam. Apoth (sehr gut)	Michaelis	22. Jan. 1900
1026	**Georg**	**Fendler**	Berlin	Exam. Apoth. (sehr gut)	Michaelis	22. Jan. 1900
1027	**Willy**	**Hansen**	Stettin	Exam Apoth. (sehr gut)	Michaelis	22. Jan. 1900
1028	**Willy**	**Köning**	Fallingbostel	Exam. Apoth. (gut)	Michaelis	26. Jan. 1900
1029	**Paul**	**Donath**	Kalau	Exam. Apoth. (gut)	Michaelis	12. Febr. 1900
868	**Alfred**	**Hofmann**	Breitingen	Unterprima	Ostwald Michaelis	12. Febr. 1900
1030	**Alfred**	**Hildebrand**	Zwickau	Exam. Apoth. (gut)	Michaelis	23. Febr. 1900
S.-S. 1031	**Linus**	**Linke**	Gurau	Exam. Apoth. (gut)	Michaelis	10. Mai 1900
1032	**Louis**	**Mottek**	Berlin	Exam. Apoth. (gut)	Stoermer Michaelis	15. Mai 1900
1034	**Franz**	**Passow**	Wien	Obersekunda	Michaelis	17. Mai 1900
1036	**Max**	**Pieper**	Berlin	Prima	Michaelis	28. Mai 1900

Chemisches Universitäts-Laboratorium Rostock.

Fortsetzung.

Aufgedruckte No. der Zeugniss-karte	Vorname	Zuname	Geburtsort	Vorbildung	Examinatoren	Datum der Ausfertigung
S.-S. 1037	Wilhelm	Rassmann	Borgloh	Gepr. Apoth. u. Nahrungs-mittelchem.	Michaelis	30. Mai 1900
1391	Max	Schöffer	Saargemünd	7 Klassen Gymnasium	Engler Karlsruhe Michaelis	15. Juni 1900
1039	Fritz	Oppermann	Kassel	Gepr. Apoth. (gut)	Michaelis	3. Juli 1900
1040	Arno	Schüler	Roitzsch	Obersekunda	Michaelis	11. Juli 1900
1041	Richard	Wehlen	Altona	Gepr. Apoth. (gut)	Michaelis	16. Juli 1900
1042	Adolf	Hoelken	Mannheim	Obersekunda	Michaelis	27. Juli 1900
1043	Herrmann	Rumpf	Frankfurt	Prima	Michaelis	30. Juli 1900

Laboratorium für allgemeine Chemie, Techn. Hochschule Stuttgart.

W.-S. 890	Albrecht	Fischer	Stuttgart	Gymnasial-Abiturient	Hell	14. Okt. 1899
891	Ugo	Locatelli	Mailand	Reife des Lyceums in Mailand	Hell	13. Nov. 1899
892	Carl	Klenk	Ilshofen	*	Hell	13. Nov. 1899
893	Paul	Igler	Stuttgart	*	Hell	13. Nov. 1899
S.-S. 894	Robert	Hazard	Metz	Reife des Gymnasiums	Hell Kehrer	20. Juli 1900
895	Walter	Schöller	Antwerpen	Reife der Realschule	Hell Kehrer	20. Juli 1900
896	Guido	Trömms-dorff	Mlietsch (Schlesien)	Primareife	Hell Kehrer	20. Juli 1900
897	Oscar	Schmidt	Stuttgart	Reife des Realgymn.	Hell Kehrer	20. Juli 1900
898	Richard	Vock	Stuttgart	Obersekunda	Hell Kehrer	20. Juli 1900
899	Hugo	Bauer	Stuttgart	Obersekunda	Hell Kehrer	20. Juli 1900

Chem.-Technologisches Laboratorium der Technischen Hochschule Stuttgart.

W.-S. 703	Wilhelm	Abele	Goeppingen	Realschule ohne Matur.	J. Schmitz	24. Febr. 1900
S.-S. 704	Eduard	Ziegler	Schaffhausen (Schweiz)	Reifezeugnis des Gymnas. in Schaffh.	J. Schmitz C. Haeusser-mann	25. Juli 1900

Chemisches Laboratorium der Universität Tübingen.

Auf-gedruckte No. der Zeugniss-karte	Vorname	Zuname	Geburtsort	Vorbildung	Examinatoren	Datum der Ausfertigung
W.-S. 731	**Nevil**	**Sidgwick**	Oxford	Abit.d.Rugby School	H. v. Pechmann	29. Nov. 1899
732	**Hermann**	**Wagner**	Stuttgart	Phar. Staatsexam. Note I	H. v. Pechmann	29. Nov. 1899
733	**Ekkehard**	**Hailer**	Horb a/N.	Abit.des hum. Gymnasiums	H. v. Pechmann	29. Jan. 1900
734	**Johannes**	**Häussermann**	Stuttgart	Phar. Staatsexam. Note I	H. v. Pechmann	5. Febr. 1900
735	**Ernst**	**Klaiber**	Bösingen	Phar. Staatsexam.Note II	H. v. Pechmann	20. Febr. 1900
736	**Otto**	**Hollerith**	Strassburg i. E.	Abit. des hum. Gymnasiums	H. v. Pechmann	8. März 1900
S.-S. 738	**Max**	**Thenn**	München	Phar. Staatsexam.Note II	H. v. Pechmann	26. April 1900
2326	**Otto**	**Böhm**	Öhringen	Phar. Staatsexam. Note I	H. v. Pechmann	4. Mai 1900

Chemisches Laboratorium der Universität Würzburg.

S.-S. 1268	**Max**	**Goldmann**	Kirchheimbolanden (Rheinpfalz)	Absol. d hum. Gymnasiums	Hantzsch	26. Mai 1900
1269	**Wilhelm**	**Graf**	Würzburg	Absol. d. hum. Gymnasiums	Hantzsch	18. Juli 1900
1270	**Ferdinand**	**Pfeffermann**	Ostrowo (Posen)	Pharmac. Staatsprüfg. m. Note I	Hantzsch	16. Juni 1900
1271	**Walther**	**Praetorius**	Leipzig	Pharmac. Staatsprüfg. m Note I	Hantzsch	27. Juni 1900
1272	**Konrad**	**Schäfer**	Elberfeld	Absol. d. Realgymnasiums	Hantzsch	7. Juli 1900

Technolog. Institut der Universität Würzburg.

743	**Richard**	**Schmitt**	Cassel	Apotheker	Medicus	11. Juni 1900
744	**Christoph**	**Mebold**	Lauff	Apotheker	Medicus	11. Juni 1900
745	**Hermann**	**Kober**	Feuchtwangen	Apotheker	Medicus	11. Juni 1900

D.

Uebersichtstabelle über die Anzahl der ausgestellten Verbandszeugnisse.

Ort	Institut	Zahl der ausgestellten Zeugnisse			
		im Winter 1899/1900		im Sommer 1900	
		U.*)	T.*)	U.*)	T.*)
Aachen	Chemisches Laboratorium. T.*)	—	2	—	2
Berlin	I. Chemisches Institut. U.*)	8	—	16	—
Berlin	II. Chemisches Institut. U.	10	—	11	—
Berlin-Charlottenburg	Anorganisches Laboratorium. T.	—	14	—	9
Berlin-Charlottenburg	Organisches Laboratorium. T.	—	8	—	2
Berlin-Charlottenburg	Technisch-chemisches Laboratorium. T.	—	7	—	3
Berlin-Charlottenburg	Elektrochemisches Laboratorium. T.	—	1	—	2
Berlin	Chemisches Laboratorium der Landwirtschaftlichen Hochschule	—	1	—	1
Bonn	Chemisches Institut. U.	11	—	3	—
Braunschweig	Laboratorium für analytische und technische Chemie. T.	—	3	—	5
Braunschweig	Pharmazeutisch-chemisches Laboratorium. T.	—	3	—	2
Breslau	Chemisches Institut. U.	11	—	12	—
Breslau	Landwirtschaftlich-technologisches Institut. U.	2	—	2	—
Darmstadt	Institut für reine Chemie. T.	—	—	—	1
Darmstadt	Chemisch-technisches und elektrochemisches Institut. T.	—	5	—	1
Dresden	Chemische Laboratorien. T.	—	9	—	11
Erlangen	Chemisches Laboratorium. U.	9	—	1	—
Erlangen	Pharmaz. Institut u. Laboratorium für angewandte Chemie. U.	3	—	1	—
Freiburg i. Br.	Philosophische Abteilung des chemischen Laboratoriums. U.	17	—	3	—
Freiburg i. Br.	Medizinische Abteilung des chemischen Laboratoriums. U.	—	—	4	—
Giessen	Chemisches Universitäts-Laboratorium. U.	1	—	7	—
Giessen	Physikalisch-chemisches Laboratorium. U.	8	—	1	—
Göttingen	Universitäts-Laboratorium. U.	16	—	8	—
Göttingen	Agrikultur-chemisches Laboratorium. U.	2	—	2	—
Greifswald	Chemisches Institut. U.	4	—	4	—

Hannover	Laboratorium für anorganische Chemie. T.	—	6	—	3
Heidelberg	Universitäts-Laboratorium. U.	15	—	9	—
Heidelberg	Laboratorium des Prof. F. Krafft	6	—	4	—
Jena	Universitäts-Laboratorium. U.	7	—	6	—
Karlsruhe	Chemisches Laboratorium. T.	—	3	—	4
Kiel	Universitäts-Laboratorium. U.	11	—	3	—
Königsberg	Universitäts-Laboratorium. U.	3	—	7	—
Leipzig	I. Chemisches Universitäts-Laboratorium. U.	16	—	13	—
Leipzig	Physikalisch-chemisches Institut. U.	6	—	5	—
Leipzig	Laboratorium für angewandte Chemie U.	7	—	2	—
Leipzig	Chemisches Laboratorium des physiologischen Institutes. U.	1	—	5	—
Marburg	Chemisches Institut. U.	9	—	2	—
Marburg	Pharmazeutisch-chemisches Institut. U.	—	—	7	—
München	Chemisches Laboratorium des Staates. U.	11	—	10	—
München	Laboratorium für angewandte Chemie. U.	18	—	10	—
München	Unorganisch-chemisches Laboratorium. T.	—	8	—	7
München	Organisches Laboratorium. T.	—	4	—	5
Münster i. W.	Chemisches Institut der Akademie	1	—	—	—
Rostock	Chemisches Laboratorium. U.	16	—	11	—
Stuttgart	Laboratorium für allgemeine Chemie. T.	—	4	—	6
Stuttgart	Chemisch-technologisches Laboratorium. T.	—	1	—	1
Tübingen	Chemisches Laboratorium. U.	6	—	2	—
Würzburg	Chemisches Laboratorium. U.	—	—	5	—
Würzburg	Technologisches Institut. U.	—	—	3	—
	insgesammt	235	79	179	65

*) U. bedeutet Universität, T. Technische Hochschule.

Es sind also ausgestellt worden:

im Sommer-Semester 1898 (Vergl. Heft 2, S. 39) 224 Verbandszeugnisse, hiervon 182 an 14 Universitäten und 42 an 6 Technischen Hochschulen,
im Winter-Semester 1898/99 . . . . 271 Verbandszeugnisse, hiervon 206 an 19 Universitäten und 65 an 9 Technischen Hochschulen,
im Sommer-Semester 1899 . . . . 233 Verbandszeugnisse, hiervon 168 an 18 Universitäten und 65 an 10 Technischen Hochschulen,
im Winter-Semester 1899/1900 . . . . . . 314 Verbandszeugnisse, hiervon 235 an 18 Universitäten und 79 an 10 Technischen Hochschulen,
im Sommer-Semester 1900 . . . . 244 Verbandszeugnisse, hiervon 179 an 18 Universitäten und 65 an 10 Technischen Hochschulen,

bisher also insgesammt 1286 Verbandszeugnisse.

E.

Liste der Doktordissertationen und Diplomarbeiten

des

Verbandes der Laboratoriumsvorstände an deutschen Hochschulen

für das Verbandsjahr 1899/1900.

Technische Hochschule Aachen.

Laufende Nr.	Name des Promovierten oder Diplomierten	Titel der Dissertation oder der Diplomarbeit	Bezeichnung des Laboratoriums in welchem die Arbeit ausgeführt worden ist	Name des Dozenten, welcher die Arbeit geleitet hat	Ort der Promotion	Ort der Diplomerteilung
1	**Eduard Striedter** aus St. Petersburg	Construction einer Anlage zur Herstellung von wasserfreier schwefliger Säure	Technolog. Laboratorium der Kgl. Techn. Hochschule Aachen	Stahlschmidt		Aachen

Universität Berlin.

Laufende Nr.	Name des Promovierten oder Diplomierten	Titel der Dissertation oder der Diplomarbeit	Bezeichnung des Laboratoriums in welchem die Arbeit ausgeführt worden ist	Name des Dozenten, welcher die Arbeit geleitet hat	Ort der Promotion	Ort der Diplomerteilung
1	**Alfred Stock**	Über eine quantitative Trennung des Arsens von Antimon. Monobromakroleïn und Tribrompropionaldehyd. Über einige Bromnitrosokohlenwasserstoffe u. ihre Umwandlung in Pseudonitrole	I. Chemisches Universitäts-Laboratorium Berlin	Dr. Piloty	Berlin	
2	**Fritz Weigert**	Zur Kenntniss des aus γ-Chlorbutyronitril entstehenden Körpers $C_8 H_{10} S_8$	I. Chemisches Universitäts-Laboratorium Berlin	Prof. Gabriel	Berlin	
3	**Otto Diels**	Zur Kenntniss der Cyanurverbindungen	I. Chemisches Universitäts-Laboratorium Berlin	E. Fischer	Berlin	
4	**Israel Matfus**	Zur Kenntniss der Reaction zwischen Hydroxylamin und ungesättigten Ketonen	I. Chemisches Universitäts-Laboratorium Berlin	Dr. Harries	Berlin	

5	**Eduard Strauss**	Über Aminoalkohole und einige Derivate	I. Chemisches Universitäts-Laboratorium Berlin	Prof. Gabrie	Berlin
6	**Otto Wolfes**	Synthese von 5-Methoxyphenanthren. Untersuchungen über o-Nitrozimmtsäurenitrile	I. Chemisches Universitäts-Laboratorium Berlin	Dr. Pschorr	Berlin
7	**Friedrich Kaiser**	Zur Kenntnis der Reduction α-β-ungesättigter Ketone und Synthese eines Bisterpens	I. Chemisches Universitäts-Laboratorium Berlin	Dr. Harries	Berlin
8	**Friedrich M. Mayrhofer**	Über das Oxaminocarvoxim und seine Überführung in Dihydrocarvyldiamin	I. Chemisches Universitäts-Laboratorium Berlin	Dr. Harries	Berlin
9	**Max Lüders**	Über einige Aminoverbindungen der Puringruppe	I. Chemisches Universitäts-Laboratorium Berlin	E. Fischer	Berlin
10	**Nathan Moses**	Über p-Cyanbenzylchlorid	I. Chemisches Universitäts-Laboratorium Berlin	Prof. Gabriel	Berlin
11	**Richard Gley**	Über die isomeren Mesityloxydoxime	I. Chemisches Universitäts-Laboratorium Berlin	Dr. Harries	Berlin
12	**Georg Roeder**	Über Pulegon und Isopulegon. Einwirkung einiger Amine auf α-Chlorbutanon	I. Chemisches Universitäts-Laboratorium Berlin	Dr. Harries	Berlin
13	**Herrmann Steinbock**	Über eine neue Bildungsweise von Nitrosoverbindungen	I. Chemisches Universitäts-Laboratorium Berlin	Dr. Piloty	Berlin
14	**Karl Oesterlin**	Zur Kenntniss der Azophenole und Amidophenole der Diphenylreihe	I. Chemisches Universitäts-Laboratorium Berlin	Prof. Jacobson	Berlin
15	**Otto Poppenberg**	Zur Kenntniss der Pyridazine	I. Chemisches Universitäts-Laboratorium Berlin	Prof. Gabriel	Berlin
16	**Martin Rohmer**	Eine Umlagerung des Methylendi-o-Nitranilins	I. Chemisches Universitäts-Laboratorium Berlin	Dr. J. Meyer	Berlin
1	**Leonhard Braun**	Über die Beeinflussung des Absorptionscoefficienten von Stickstoff und Wasserstoff in wässerigen Lösungen durch Stoffe verschiedenen Dissociationsgrades	II. Chemisches Institut der Universität Berlin	Prof. Dr. Jahn	Berlin
2	**Josef Goldhaber**	Über die Wanderung der Ionen	II. Chemisches Institut der Universität Berlin	Prof. Dr. Jahn	Berlin

Universität Berlin. Fortsetzung.

Laufende Nr.	Name des Promovierten oder Diplomierten	Titel der Dissertation oder der Diplomarbeit	Bezeichnung des Laboratoriums, in welchem die Arbeit ausgeführt worden ist	Name des Dozenten, welcher die Arbeit geleitet hat	Ort der Promotion	Ort der Diplomerteilung
3	**Wilhelm Klemm**	Über das α-Pyridylmercaptan	II. Chemisches Institut der Universität Berlin	Prof. Dr. Marckwald	Berlin	
4	**Jacob Forchheimer**	Über die electromagnetische Drehung der Polarisationsebene in Salz- und Säurelösungen	II. Chemisches Institut der Universitat Berlin	Prof. Dr. Jahn	Berlin	
5	**Heinrich Trabert**	Über das Lutidylmercaptan und seine Derivate	II. Chemisches Institut der Universität Berlin	Prof. Dr. Marckwald	Berlin	
6	**Erwin Meyer**	Über das α-Chinolylhydrazin und seine Derivate	II. Chemisches Institut der Universität Berlin	Prof. Dr. Marckwald	Berlin	
7	**Werner Esch**	Über Polymethylenimine u. -Diimine	II. Chemisches Institut der Universität Berlin	Prof. Dr. Marckwald	Berlin	
8	**Benedikt Woringer**	Über die Dampfspannungen einer Reihe von Benzolkörpern	II. Chemisches Institut der Universität Berlin	Prof. Dr. Jahn	Berlin	

Technische Hochschule Berlin.

Laufende Nr.	Name des Promovierten oder Diplomierten	Titel der Dissertation oder der Diplomarbeit	Bezeichnung des Laboratoriums, in welchem die Arbeit ausgeführt worden ist	Name des Dozenten, welcher die Arbeit geleitet hat	Ort der Promotion	Ort der Diplomerteilung
1	**Julius Kersten**	Über einige Condensationen von Aldehyden mit Hydrokotarnin	Organisches Laboratorium der Technischen Hochschule zu Berlin	C. Liebermann	Rostock	
2	**Theodor Lanser**	Über Condensationen der Phenylpropiolsäure und ihrer Dibromide, sowie über einige Derivate des Dibromindons	Organisches Laboratorium der Technischen Hochschule zu Berlin	C. Liebermann	Universität Berlin	
3	**Walter Wernick**	Einwirkung von Wasserstoffsuperoxyd auf N-alkylirte Piperidinbasen	Organisches Laboratorium der Technischen Hochschule zu Berlin	R. Wolffenstein	Rostock	
4	**Fritz Wiedemann**	Über farbige Indonderivate aus Dichlorindon	Organisches Laboratorium der Technischen Hochschule zu Berlin	C. Liebermann	Universität Berlin	

5	**Martin Auerbach**	Über die Oxydation tertiärer Basen mit Wasserstoffsuperoxyd	Organisches Laboratorium der Technischen Hochschule zu Berlin	R. Wolffenstein	Universität Berlin	
6	**Karl Moritz**	Über die Einwirkung von Kaliumpersulfat auf aromatische Kohlenwasserstoffe	Organisches Laboratorium der Technischen Hochschule zu Berlin	R. Wolffenstein	Universität Berlin	
7	**Hans Hirsch**	Über Condensationen halogenirter β-Naphtochinone mit Methylenderivaten	Organisches Laboratorium der Technischen Hochschule zu Berlin	C. Liebermann	Universität Berlin	
8	**Willy Manthey**	Über Condensationen der Bromallozimmtsäuren und die Constitution des Truxons und seiner Derivate	Organisches Laboratorium der Technischen Hochschule zu Berlin	C. Liebermann	Universität Berlin	

Universität Bonn.

1	**Andreas van Waaren**	Über die Einwirkung von Jodalkylen auf Phosphorquecksilber	Chemisches Institut der Universität Bonn	Prof. Partheil	Bonn	
2	**Emil Mannheim**	Über die Einwirkung von Jodalkylen auf Quecksilberantimonid	Chemisches Institut der Universität Bonn	Prof. Partheil	Bonn	
3	**Emil Goecke**	Über den Genauigkeitsgrad electroanalytischer Arbeitsmethoden, sowie über die kathodische Abscheidung von Kohlenstoff, Schwefel und Phosphor	In dem Laboratorium vom Vater des Verfassers der Dissertation und im Chemischen Institut der Universität Bonn	Der Verfasser wählte das Thema selbständig u. arbeitete es auch so aus	Bonn	

Technische Hochschule Braunschweig.

1	**Leopold v. Blacher**	Über die Verbindungen von Benzaldehyd mit mehrwerthigen Phenolen	Technische Hochschule Braunschweig. Laboratorium für analyt.-techn. Chemie	R. Meyer		Braunschweig

Technische Hochschule Braunschweig. Fortsetzung.

Laufende Nr.	Name des Promovierten oder Diplomierten	Titel der Dissertation oder der Diplomarbeit	Bezeichnung des Laboratoriums, in welchem die Arbeit ausgeführt worden ist	Name des Dozenten, welcher die Arbeit geleitet hat	Ort der Promotion	Ort der Diplomerteilung
2	**Jan Szanecki**	Über den Einfluss der Ersetzung von Sauerstoff durch Schwefel auf die Farbe und Fluorescenz organischer Verbindungen	Technische Hochschule Braunschweig. Laboratorium für analyt.-techn. Chemie	R. Meyer		Braunschweig
3	**Erich Ewers** aus Salder	Über thiosulfinsaure Diazosalze	Laboratorium für pharmaceutische Chemie und Nahrungsmittelchemie	Prof. Dr. J. Tröger	Rostock	
4	**Walter Grothe** aus Salzwedel	Über die Einwirkung von Alkylsulfinsauren Salzen, Kaliumsulfhydrat, Kaliumcyanid und Kaliumrhodanid auf Chloracetylanilide	Laboratorium für pharmaceutische Chemie und Nahrungsmittelchemie	Prof. Dr. Beckurts	Rostock	

Universität Breslau.

1	**Helmuth Toepffer**	Über die galvanische Ausfällung des Eisens und verwandter Metalle und über das elektrochemische Verhalten dieser Metalle	Universitätslaboratorium	Küster und Abegg	Breslau	
2	**Otto Engels**	Über Anlagerung von Formaldehyd an α-γ-Lutidin und Spaltung des α-γ-Lupetidins in seine optischen Isomeren	Universitätslaboratorium	Ladenburg	Breslau	
3	**Fritz Sommer**	Über m-Xylylamin und m-Methylphenyläthylamin	Universitätslaboratorium	Ladenburg	Breslau	
4	**Israel Schlossberg**	Zur Kenntniss einiger Racemverbindungen	Universitätslaboratorium	Ladenburg	Breslau	

5	**Wilhelm Gaus**	Über Partialdrucke von Ammoniak in Metallsalzlösungen	Universitätslaboratorium	Abegg	Breslau	
6	**Siegfried Samelson**	Dimethylmetatoluidinazobenzol und verwandte Körper	Universitätslaboratorium	Ladenburg	Breslau	
7	**Emil Roth**	Phenyl α-Picolylalkin und sein Orthonitroderivat	Universitätslaboratorium	Ladenburg	Breslau	

Technische Hochschule Dresden.

1	**Hans Böttcher**	Über Messung hoher Temperaturen	Anorganisch-chem. Laboratorium	W. Hempel		Dresden
2	**Ernst Kegel**	Die Condensation von Benzhydrolen mit Paraoxyazokörpern	Farbenchemisches Laboratorium	R. Möhlau		Dresden
3	**Czeslaw v. Krzymuski**	Einwirkung von Orthoameisensäureester auf die Chloraniline	Organisch-chem. Laboratorium	E. v. Meyer		Dresden
4	**Dominik Miklosich**	Paraphenolhydrazin und seine Derivate, sowie einige Abkömmlinge des Paraphenetolhydrazins	Farbenchemisches Laboratorium	R. Möhlau		Dresden
5	**Bronislaus Szezesniak**	Über einige Oxyketone	Organisch-chem. Laboratorium	E. v. Meyer		Dresden
6	**Curt Brink**	Umlagerungen von β- und γ-Ketonsäuren	Organisch-chem. Laboratorium	E. v. Meyer		Dresden
7	**Ernst Krumbiegel**	Zur Kenntniss aromatischer Amine und Hydrazine	Organisch-chem. Laboratorium	E. v. Meyer		Dresden
8	**Walther Rätze**	Über die Constitution von Diazoamidokörpern	Organisch-chem. Laboratorium	E. v. Meyer		Dresden
9	**Erich Strohbach**	Über das Verhalten des β-Dinaphtolmethans gegenüber Aryldiazoniumsalzen und Salpetrigsäure	Farbenchemisches Laboratorium	R. Möhlau		Dresden
10	**Artasches Minassiartz**	Zur Kenntniss der Phenoxylessigsäure	Organisch-chem. Laboratorium	E. v. Meyer		Dresden

Technische Hochschule Dresden.

Laufende Nr.	Name des Promovierten oder Diplomierten	Titel der Dissertation oder der Diplomarbeit	Bezeichnung des Laboratoriums, in welchem die Arbeit ausgeführt worden ist	Name des Dozenten, welcher die Arbeit geleitet hat	Ort der Promotion	Ort der Diplomerteilung
11	**Hans Mehner**	Zur Kenntniss der p- und o-Chlorphenylessigsäure	Organisch-chem. Laboratorium	E. v. Meyer		Dresden
12	**Ernst Meyer**	Zur Kenntniss der Amidine	Organisch-chem. Laboratorium	E. v. Meyer		Dresden
13	**Ludwig Sprösser**	Über Abkömmlinge der Harnsäure und Synthesen der letzteren	Organisch-chem. Laboratorium	E. v. Meyer		Dresden
14	**Oscar Wünsche**	Über Pyrazolon und seine Derivate	Organisch-chem. Laboratorium	E. v. Meyer		Dresden
15	**Victor Mikulitsch**	Über einige Azo- und Disazo-Verbindungen	Organisch-chem. Laboratorium	E. v. Meyer		Dresden

Universität Erlangen.

Laufende Nr.	Name des Promovierten oder Diplomierten	Titel der Dissertation oder der Diplomarbeit	Bezeichnung des Laboratoriums, in welchem die Arbeit ausgeführt worden ist	Name des Dozenten, welcher die Arbeit geleitet hat	Ort der Promotion	Ort der Diplomerteilung
1	**Karl Heinrichs**	Über $\alpha\beta$-Dicarbonsäurederivate primärer Hydrazine	Chem. Laboratorium d. Kgl. Universität Erlangen	Dr. M. Busch	Erlangen	
2	**Wilhelm Kamphausen**	Über Isodithiobiazolone	Chem. Laboratorium d. Kgl. Universität Erlangen	Dr. M. Busch	Erlangen	
3	**Walther Dilthey**	Beiträge zur Kenntniss der Indone	Chem. Laboratorium d. Kgl. Universität Erlangen	O. Fischer	Erlangen	
4	**Rudolf Eberhard**	Über sterische Einflüsse in den Reactionen der Nitraniline u. Aminobenzöesäuren	Chem. Laboratorium d. Kgl. Universität Erlangen	Dr. M. Busch	Erlangen	
5	**Albert Petermann**	Über sterische Einflüsse bei den Reactionen halogensubstituirter Aniline	Chem. Laboratorium d. Kgl. Universität Erlangen	Dr. M. Busch	Erlangen	

6	Alfred Grohmann	Synthesen in der Urazolreihe	Chem. Laboratorium d. Kgl. Universität Erlangen	Dr. M. Busch	Erlangen
7	Edmund Lingenbrink	Über Hydrazone der Dithiokohlensäureester	Chem. Laboratorium d. Kgl. Universität Erlangen	Dr. M. Busch	Erlangen
8	Paul Bauer	Über die Produkte der Einwirkung von Hydrazin auf Thioharnstoffe	Chem. Laboratorium d. Kgl. Universität Erlangen	Dr. M. Busch	Erlangen
9	Bruno Weiss	Über secundäre Dialpharrylhydrazine	Chem. Laboratorium d. Kgl Universität Erlangen	Dr. M. Busch	Erlangen
10	Max v. Cammerloher	Beiträge zur Nitrosophenol- und Isorosindonreaction	Chem. Laboratorium d. Kgl. Universität Erlangen	O. Fischer	Erlangen
11	Erwin Kownatzki	Über aromatische Sulfaminsäuren und deren Umlagerungsproducte.	Laboratorium für angew. Chemie	C. Paal	Erlangen
12	Julius Cassel	Über die drei isomeren Chlorphenylsulfaminsäuren und deren Umlagerungsprodukte	Laboratorium für angew. Chemie	C. Paal	Erlangen
13	Leo van Gember	Über Alkylaminoacetate und deren Derivate	Laboratorium für angew. Chemie	C. Paal	Erlangen
14	Eduard Krahé	Zur Kenntniss der γ-Diketone	Laboratorium für angew. Chemie	C. Paal	Erlangen

Universität Freiburg i. B.

1	Adolf Windaus	Neue Beiträge zur Kenntniss der Digitalisstoffe	Med. Abtheilung des chem. Univ.-Laboratoriums	Kiliani	Freiburg i. B.
2	Paul Spiess	Über Säureanhydride, Säureamide und ihre Derivate	Med. Abtheilung des chem. Univ.-Laboratoriums	Autenrieth	Freiburg i. B.
3	Karl Wolff	Über cyclische Disulfide u. Disulfone	Med. Abtheilung des chem. Univ.-Laboratoriums	Autenrieth	Freiburg i. B.

Universität Freiburg i. B. Fortsetzung.

Laufende Nr.	Name des Promovierten oder Diplomierten	Titel der Dissertation oder der Diplomarbeit	Bezeichnung des Laboratoriums, in welchem die Arbeit ausgeführt worden ist	Name des Dozenten, welcher die Arbeit geleitet hat	Ort der Promotion	Ort der Diplomerteilung
1	**Emil Arnold**	Über Tri-, Tetra- und Pentajodbenzole	Freiburg i. B. Universitätslaboratorium der philos. Abtheilung	C. Willgerodt	Freiburg i. B.	
2	**Leonhard Frank**	Über m-p-a-Tribromchinolin, sowie über o-m-p-a-Tetrabromchinolin	Freiburg i. B. Universitätslaboratorium der philos. Abtheilung	C. Willgerodt	Freiburg i. B.	
3	**Heinrich Kuhlmann**	Beiträge zur Kenntniss des 3. 4. 5. Trichloranilins und des m-p-a-Trichlorchinolins u. ihrer Derivate	Freiburg i. B. Universitätslaboratorium der philos. Abtheilung	C. Willgerodt	Freiburg i B.	
4	**Karl Vogel**	Jodoso-, Jodo- und Jodiniumverbindungen, die sich vom 2-Jod-5-nitrololuol ableiten	Freiburg i B. Universitätslaboratorium der philos. Abtheilung	C. Willgerodt	Freiburg i B.	
5	**Reiner Wirtz**	Beiträge zur Kenntniss hochmolekularer fettaromatischer Ketone und Oxime Substituirte Laurophenone und Myristophenone und deren Oxime	Freiburg i. B. Universitätslaboratorium der philos. Abtheilung	Ad. Claus C. Willgerodt	Freiburg i. B.	
6	**August Randebrock**	Beitrag zur Kenntniss des p-Chlor-m-bromanilins und des a-Brom-m-Chlorchinolins	Freiburg i. B. Universitätslaboratorium der philos. Abtheilung	C. Willgerodt	Freiburg i. B.	
7	**Alfred Kupffender**	Über o-Methylchinaldin und α-o-Dimethylchino-a-p-chinolin	Freiburg i. B. Universitätslaboratorium der philos. Abtheilung	C. Willgerodt	Freiburg i. B.	
8	**Karl Röttele**	Studien über die bromirten Derivate des p-Nitro- und p-Amido-o-bromchinolins	Freiburg i. B. Universitätslaboratorium der philos. Abtheilung	C. Willgerodt	Freiburg i. B.	

9	**Martin Auerbach**	Über Jodoso- und Jodiniumverbindungen aus -Jodnaphtalin	Freiburg i. B. Universitätslaboratorium der philos. Abtheilung	Ad. Claus	Freiburg i. B.
10	**Siegfried Jablonski**	Über Chino-p = a-α-phenylchinolin-γ-carbonsäure, nebst einem Anhang über Chino-p = a-α-methylchinolin-γ carbonsäure	Freiburg i. B. Universitätslaboratorium der philos. Abtheilung	C. Willgerodt	Freiburg i. B.
11	**Erwin v. Neander**	Über Chino-a = p-α-phenylchinolin-γ-carbonsäure, nebst einem Anhang über Chino-a = p-α-methylchinolin-γ-carbonsäure	Freiburg i. B. Universitätslaboratorium der philos. Abtheilung	C. Willgerodt	Freiburg i. B.
12	**Franz Herzog**	Über Pikryl-, o-p-Dinitrophenyl- und 2-Nitro-5-chlorphenyl-2-4-5-trimethylphenylhydrazin und die daraus zu erhaltenden Azimido- und Aznitrosoverbindungen	Freiburg i. B. Universitätslaboratorium der philos. Abteilung	C. Willgerodt	Freiburg i. B.
13	**Walter v. Seemen**	Beiträge zur Kenntniss des p-Methyl-ana-Oxychinolins u. der p-Methyl-a-Oxychinolin-o-sulfonsäure	Freiburg i. B. Universitätslaboratorium der philos. Abtheilung	Ad. Claus C. Willgerodt	Freiburg i. B.
14	**Willy Lindenberg**	Beiträge zur Kenntniss des p-Xylylhydrazins, des Pikryl-, o-p-Dinitrophenyl- und 2-Nitro-5-chlorphenyl-p-xylylhydrazins u. Derivate der letzteren	Freiburg i. B. Universitätslaboratorium der philos. Abtheilung	C. Willgerodt	Freiburg i. B.
15	**Max Holder**	Beiträge zur Kenntniss des m-a-Dichlor-p-brom-chinolins u. seiner Derivate	Freiburg i. B. Universitätslaboratorium der philos. Abtheilung	C. Willgerodt	Freiburg i. B.
16	**Karl Stierlin**	Beiträge zur Kenntniss des 2-6-Dichlor-p-phenylendiamins und des m-a-dichlor-p-amidochinolins	Freiburg i. B Universitätslaboratorium der philos. Abtheilung	C. Willgerodt	Freiburg i. B.

Universität Freiburg i. B. Fortsetzung.

Laufende Nr.	Name des Promovierten oder Diplomierten	Titel der Dissertation oder der Diplomarbeit	Bezeichnung des Laboratoriums, in welchem die Arbeit ausgeführt worden ist	Name des Dozenten, welcher die Arbeit geleitet hat	Ort der Promotion	Ort der Diplomerteilung
17	**August Traub**	Über α-Phenyl- und α-Methyl-α-naphtocinchoninsäure und die entsprechenden α-Alkyl-α-naphtochinoline	Freiburg i. B Universitätslaboratorium der philos. Abtheilung	C. Willgerodt	Freiburg i. B.	
18	**Richard Haack**	Über o-Brom-α-chlorchinolin	Freiburg i. B. Universitätslaboratorium der philos. Abtheilung	C. Willgerodt	Freiburg i. B.	
19	**Karl Scholvien**	Über Jodidchlorid, Jodoso- und Jodiniumverbindungen, die sich vom ana-Jodchinolin ableiten	Freiburg i. B. Universitätslaboratorium der philos. Abtheilung	C. Willgerodt	Freiburg i. B.	
20	**W. Normann**	Beiträge zur Kenntnis der Reaktion zwischen unterchlorigsauren Salzen u. primären aromatischen Aminen	Freiburg i. B. Universitätslaboratorium der philos. Abtheilung	Ad. Claus C. Willgerodt	Freiburg i. B.	
21	**Paul Sekerl**	Jodoso-, Jodo- und Jodiniumverbindungen von p-Propyljodbenzol	Freiburg i. B. Universitätslaboratorium der philos. Abtheilung	C. Willgerodt	Freiburg i. B.	
22	**Franz Proschko**	Zur Kenntnis des p-Aethylchinolins	Freiburg i. B. Universitätslaboratorium der philos. Abtheilung	C. Willgerodt	Freiburg i. B.	
23	**B. Erlie Talbott**	Über 5-Nitro-4-Jodoso, Jodo- und Jodiniumverbindungen des 1, 3-Xylols	Freiburg i. B. Universitätslaboratorium der philos. Abtheilung	C. Willgerodt	Freiburg i. B.	
24	**Max Jahn**	Über Jodoso-, Jodo- und Jodiniumverbindungen des o-Jod-m(5)-aethyltoluols	Freiburg i. B. Universitätslaboratorium der philos. Abtheilung	Willgerodt	Freiburg i. B.	

25	**Wassily Smirnoff**	Beiträge zur Kenntniss der Friedel-Crafts'schen Reaktion	Freiburg i. B. Universitätslaboratorium der philos. Abtheilung	Gattermann	Freiburg i. B
26	**Kurt Dammann**	Die Jodoso-, Jodo- und Jodinium-verbindungen des p-Isoamyljod-benzols	Freiburg i. B. Universitätslaboratorium der philos. Abtheilung	Willgerodt	Freiburg i. B.
27	**Eberhardt Rampacher**	Über Jodoso-, Jodo- und Jodinium-verbindungen des p-Tertiärbutyl-jodbenzols	Freiburg i. B. Universitätslaboratorium der philos. Abtheilung	Willgerodt	Freiburg i. B.
28	**Friedrich Kuschel**	Zur Kenntniss des o-Chlor-allo-m-Bromanilins u. des o-Chlor-ana-Bromchinolins	Freiburg i. B. Universitätslaboratorium der philos. Abtheilung	Willgerodt	Freiburg i. B.

Universität Giessen.

1	**Alfred Thiel**	Umkehrbare Elektroden zweiter Art mit gemischten Depolarisatoren	Bergakademie-Labor. Clausthal	F. W. Küster	Giessen
2	**Friedrich Crotogino**	Studien über Oxydationspotentiale	Bergakademie-Labor. Clausthal	F. W. Küster	Giessen
3	**Karl Greimer**	Über giftig wirkende Alkaloïde einiger Boragineen	Pharmakologisches Institut Giessen	K. Gaehtgens	Giessen
1	**Philipp Zimmermann**	Beiträge zur Elektrolyse fettsaurer Salze	Physik.-chemisches Labor. Giessen	Elbs	Giessen
2	**Franz Fischer**	Zur Elektrolyse der Schwefelsäure mit Bleianoden.	Physik.-chemisches Labor. Giessen	Elbs	Giessen

Universität Giessen. Fortsetzung.

Laufende Nr.	Name des Promovierten oder Diplomierten	Titel der Dissertation oder der Diplomarbeit	Bezeichnung des Laboratoriums in welchem die Arbeit ausgeführt worden ist	Name des Dozenten, welcher die Arbeit geleitet hat	Ort der Promotion	Ort der Diplomerteilung
3	**Adolf Koch**	Über die elektrolytische Reduction von α- u. β-Nitrophtalsäure sowie o- u. p-Nitrodiphenyl	Physik.-chemisches Labor. Giessen	Elbs	Giessen	
4	**Willy Pfanhauser**	Über das elektrochemische Verhalten des Nickelammoniumsulfates	Physik.-chemisches Labor. Giessen	Elbs	Giessen	
5	**Otto Saame**	Über die elektrochemische Reduction der Nitrobenzonitrile	Physik.-chemisches Labor. Giessen	Elbs	Giessen	
6	**Otto Friedberger**	Die elektrochemische Reduction einiger Chlornitrotoluole	Physik.-chemisches Labor. Giessen	Elbs	Giessen	

Universität Göttingen.

Laufende Nr.	Name des Promovierten oder Diplomierten	Titel der Dissertation oder der Diplomarbeit	Bezeichnung des Laboratoriums in welchem die Arbeit ausgeführt worden ist	Name des Dozenten, welcher die Arbeit geleitet hat	Ort der Promotion	Ort der Diplomerteilung
1	**Hermann Iggena**	Zur Kenntniss der Amalgame der alkalischen Erden, des Zinks und des Cadmiums	Universitätslaboratorium Göttingen	Kerp	Göttingen	
2	**H. M. Atkinson**	Zur Kenntniss der Oxaline und über einige Derivate der unsymmetrischen Dipropyl- und Diamyloxaminsäure	Universitätslaboratorium Göttingen	Wallach	Göttingen	
3	**Wilhelm v. Westphalen**	Zur Kenntniss der Fenchocarbonsäure	Universitätslaboratorium Göttingen	Wallach	Göttingen	
4	**Wilhelm Rath**	Umwandlung penta- und hexacyklischer Ketone in Basen der Pyridinreihe	Universitätslaboratorium Göttingen	Wallach	Göttingen	

5	**Wilhelm Rojahn**	Über Nitrosopinen	Universitätslaboratorium Göttingen	Wallach	Göttingen
6	**Julius Meyer**	Zur Constitution der Pulegensäure	Universitätslaboratorium Göttingen	Wallach	Göttingen
7	**Erich Lauffer**	Zur Kenntniss des Phellandiens	Universitätslaboratorium Göttingen	Wallach	Göttingen
8	**Friedrich Stechele**	Zur Kenntniss des Allylacetons	Universitätslaboratorium Göttingen	v. Braun	Göttingen
9	**Edgard Neumann**	Zur Isomerie der Fenchenderivate	Universitätslaboratorium Göttingen	Wallach	Göttingen
10	**Adolf Gilbert**	Über ein Hydrocollidin und ein isomeres Coniin	Universitätslaboratorium Göttingen	Wallach	Göttingen
11	**Heinrich Meyer**	Über Umformungen des Methylhexylenketon	Universitätslaboratorium Göttingen	Wallach	Göttingen
12	**Robert Noll**	Beiträge zur Kenntniss der Triazolverbindungen	Universitätslaboratorium Göttingen	Manchot	Göttingen
1	**C. v. Ende**	Verhalten der Bleisalze in Lösungen	Institut für physikalische Chemie der Universität Göttingen	Nernst	Göttingen
2	**H. v. Steinwehr**	Zur Thermochemie verdünnter Lösungen	Institut für physikalische Chemie der Universität Göttingen	Nernst	Göttingen
3	**R. Fittig**	Prüfung des additiven Verhaltens der Molekularwärmen, speziell organischer Verbindungen	Institut für physikalische Chemie der Universität Göttingen	Nernst	Göttingen
4	**E. Sommerfeld**	Thermodynamik der Mischkrystalle	Institut für physikalische Chemie der Universität Göttingen	Nernst	Göttingen
5	**C. Garrard**	Zersetzungsspannung fester und geschmolzener Electrolyte	Institut für physikalische Chemie der Universität Göttingen	Nernst	Göttingen

Universität Göttingen. Fortsetzung.

Laufende Nr.	Name des Promovierten oder Diplomierten	Titel der Dissertation oder der Diplomarbeit	Bezeichnung des Laboratoriums, in welchem die Arbeit ausgeführt worden ist	Name des Dozenten, welcher die Arbeit geleitet hat	Ort der Promotion	Ort der Diplomerteilung
1	**O. v. Faber**	Untersuchungen über die Oxycellulose, sowie über die Polarisation der l-Arabinose bei verschiedenen Temperaturen und Concentrationen	Agric.-chem. Laboratorium der Univers. Göttingen	B. Tollens	Göttingen	
2	**G. H. A. Clowes**	Über Formaldehyd- oder Methylen-Derivate der Säuren der Zuckergruppe und über die quantitative Bestimmung der Methylengruppen in den Formaldehyd-Condensations-Produkten	Agric.-chem. Laboratorium der Univers. Göttingen	B. Tollens	Göttingen	
3	**G. M. Tucker**	Über den Gehalt der Platanenblätter an Nährstoffen und die Wanderung dieser Nährstoffe beim Wachsen und Absterben der Blätter	Agric.-chem Laboratorium der Univers. Göttingen	B. Tollens	Göttingen	
4	**I. A. Widtsoe**	Über das Traganth-Gummi und die Methylpentosane	Agric.-chem. Laboratorium der Univers. Göttingen	B. Tollens	Göttingen	
5	**A. E. Shuttleworth**	Eine neue Methode der Aschen-Bestimmung	Agric-chem. Laboratorium der Univers. Göttingen	B. Tollens	Göttingen	
6	**A. v. Daszewski**	Der Einfluss des Wassers und der Düngung auf die Zusammensetzung der Kartoffelpflanze	Agric.-chem. Laboratorium und Laborat. d. landw. Versuchsfeldes d. Univ. Göttingen	B. Tollens und C. v. Seelhorst	Göttingen	
7	**A. Schöne**	Zur Kenntniss der Rübenmelassen und der Pentosane	Agric.-chem. Laboratorium der Univers. Göttingen	B. Tollens	Rostock	
8	**L. Langer**	Untersuchungen über die Nährstoffaufnahme der Haferpflanze bei verschiedenem Wassergehalt des Bodens und bei verschiedener Düngung	Agric.-chem Laboratorium und Laborat. d. landw. Versuchsfeldes d. Univ. Göttingen	B. Tollens und C. v. Seelhorst	Göttingen	

Universität Greifswald.

1	**Paul Doll**	Über die Einwirkung von Toluol auf Bernsteinsäureanhydrid und Succinylchlorid	Chemisches Institut der Universität Greifswald	H. Limpricht	Greifswald	
2	**Ernst Claus**	Über p-Toluyl-p-Benzoesäure und p-Benzophenondikarbonsäure	Chemisches Institut der Universität Greifswald	H. Limpricht	Greifswald	
3	**Paul Martens**	Über die o-Xylolphtaloylsäure und die Phtaloylphtalsäure	Chemisches Institut der Universität Greifswald	H. Limpricht	Greifswald	

Technische Hochschule Hannover.

1	**Arthur Henke,** Major a. D.	Die Reaktion zwischen Kaliumbichromat, Kaliumjodid und Schwefelsäure (Salzsäure) in ihrer Abhängigkeit von Masse und Zeit	Laboratorium für anorg Chemie der Techn. Hochschule Hannover	Karl Seubert		Hannover
1	**Emil Dietrich**	Über zwei structuridentische Dimethyluracile u. Aufklärung der Constitution der δ-Methylharnsäure	Organ.-Chem. Laborator. der techn. Hochschule	Behrend	München	
2	**Curt v. Vogel**	Über die Einwirkung von Isodialursäure auf Sulfoharnstoff	Organ.-Chem. Laborator. der techn. Hochschule	Behrend	Rostock	
3	**Ferd. C. Meyer**	Über die Einwirkung von Phenylisocyanat auf Aminocrotonsäureester	Organ.-Chem. Laborator. der techn. Hochschule	Behrend	Rostock	
4	**Friedrich Wegener**	Über intramolekulare Umlagerung von N-Aldoximäthern	Organ.-Chem. Laborator. der techn. Hochschule	Behrend		Hannover
5	**Hermann Schreiber**	Einwirkung von Natriumhypochlorit auf Aminocrotonsäureester	Organ.-Chem. Laborator. der techn. Hochschule	Behrend		Hannover
6	**Hugo Klatt**	Revision der Tiemann'schen Arbeiten über Ionon	Organ.-Chem. Laborator. der techn. Hochschule	Behrend		Hannover
7	**Richard Thurm**	Revision der Ruff'schen Arbeiten über Darstellung der d-Arabinose	Organ.-Chem. Laborator. der techn. Hochschule	Behrend		Hannover
8	**Georg Wollers**	Spaltung des Isoxanthins durch Salzsäure	Organ.-Chem. Laborator. der techn. Hochschule	Behrend		Hannover

Universität Heidelberg.

Laufende Nr.	Name des Promovierten oder Diplomierten	Titel der Dissertation oder der Diplomarbeit	Bezeichnung des Laboratoriums, in welchem die Arbeit ausgeführt worden ist	Name des Dozenten, welcher die Arbeit geleitet hat	Ort der Promotion	Ort der Diplomerteilung
1	**Friedrich Jirmann**	Über Darstellung hochmolekularer Kohlenwasserstoffe	Privat-Laboratorium	Prof. Dr. Krafft	Heidelberg	
2	**Walther Wolf**	Untersuchungen über Bromierungs- und Oxydationsproducte des as. o-Xylenols	Universitäts-Laboratorium	Prof. Dr. Auwers	Heidelberg	
3	**Wilhelm Hinterskirch**	I. Eintritt von Chlor aus der Seitenkette in den Kern bei der Zersetzung von aromatischen Jodidchloriden II. Derivate von Dimethoxydiphenyl	Universitäts-Laboratorium	Prof. Dr. Jannasch	Heidelberg	
4	**August Kufferath**	Das Hydrazid der 3 Pyrazolonessigsäure	Universitäts-Laboratorium	Prof. Dr. Curtius	Heidelberg	
5	**Selmar Daecke**	Über das Tribromderivat des p-Oxybenzylalkohols und seine Umwandlungsprodukte	Universitäts-Laboratorium	Prof. Dr. Auwers	Heidelberg	
6	**Albert Ebner**	Über das Oxydationsprodukt des Pseudocumenoltribromids	Universitäts-Laboratorium	Prof. Dr. Auwers	Heidelberg	
7	**Friedrich Adolf Traun**	Zur Kenntniss des Dibrommesitolbromids und seine Umwandlungsprodukte	Universitäts-Laboratorium	Prof. Dr. Auwers	Heidelberg	
8	**H. Cherles Cooper**	I. Versuche über die Löslichkeit der Carvoxime II. Zur Kenntniss der Benzhydrylamine	Universitäts-Laboratorium	Prof. Dr. Goldschmidt	Heidelberg	
9	**Walter Bartsch**	Kryoskopische Untersuchungen	Universitäts-Laboratorium	Prof. Dr Auwers	Heidelberg	
10	**Robert Bräuer**	Versuche über Anilidbildung und Nitrierung	Universitäts-Laboratorium	Prof. Dr. Goldschmidt	Heidelberg	
11	**Henry P. Stevens**	Über Tolyl- und Benzyl-Derivate des Furodiazols und Thiodiazols	Universitäts-Laboratorium	Dr. Stollé	Heidelberg	

12	**Heinrich Dürselen**	Trennung des Quecksilbers von Kupfer, Cadmium, Arsen, Antimon, Zinn, Eisen oder Aluminium im Bromstrome oder in einer ammoniakalischen Hydrazinhydratlösung	Universitäts-Laboratorium	Prof. Dr. Jannasch	Heidelberg
13	**Theodor v. Horlacher**	Ein Beitrag zur Synthese von Oxyaldehyden der Naphtalinreihe	Universitäts-Laboratorium	Prof. Dr. Gattermann	Heidelberg
14	**Johann Jansen**	Über das Hydrazid der Asparaginsäure und der p-Amidobenzoesäure	Universitäts-Laboratorium	Prof. Dr. Curtius	Heidelberg
15	**Richard Salcher**	Studien über die Aminolyse	Universitäts-Laboratorium	Prof. Dr. Goldschmidt	Heidelberg
16	**Otto Oberlaender**	Über die Löslichkeitsprobleme der organischen Chemie	Universitäts-Laboratorium	Prof. Dr. Goldschmidt	Heidelberg
17	**Johannes Reichel**	Synthetische und analytische Versuche über das Pseudocumenoltribromid und seine Derivate	Universitäts-Laboratorium	Prof. Dr Auwers	Heidelberg
18	**Rudolf Freih. v. Erggelet**	Beiträge zur Kenntniss des As-o-Xylenolpentabromids	Universitäts-Laboratorium	Prof. Dr. Auwers	Heidelberg
19	**Max Müller**	I. Über die quantitative Bestimmung des Selens und des Tellurs durch Hydroxylamin und Hydrazin II. Über die quantitative Trennung des Arsens von Baryum, Strontium und Calcium im Salzsäurestrome	Universitäts-Laboratorium	Prof. Dr. Jannasch	Heidelberg
20	**Gustav Keppeler**	Die Bildung der Oxyazofarbstoffe	Universitäts-Laboratorium	Prof. Dr. Goldschmidt	Heidelberg
21	**Willy Faber**	Über Condensationen acidylirter Malonsäureester mit Benzyliden Acetessigester	Universitäts-Laboratorium	Prof. Dr. Knövenagel	Heidelberg
22	**Aug. Joseph Darapsky**	Über das Hydrazid der Schleimsäure	Universitäts-Laboratorium	Prof. Dr. Curtius	Heidelberg
23	**Robert Leimbach**	Über das Hydrazid der Brenzschleimsäure	Universitäts-Laboratorium	Prof. Dr. Curtius	Heidelberg
24	**Emil Bürkle**	Dynamische Untersuchungen über die Bildung von Amidoazofarbstoffen	Universitäts-Laboratorium	Prof. Dr. Goldschmidt	Heidelberg

Universität Heidelberg. Fortsetzung.

Laufende Nr.	Name des Promovierten oder Diplomierten	Titel der Dissertation oder der Diplomarbeit	Bezeichnung des Laboratoriums, in welchem die Arbeit ausgeführt worden ist	Name des Dozenten, welcher die Arbeit geleitet hat	Ort der Promotion	Ort der Diplomerteilung
25	**Heinrich Thyssen**	Über das Hydrazid der α-Thiophencarbonsäure	Universitäts-Laboratorium	Prof. Dr. Curtius	Heidelberg	
26	**Gustav Heizmann**	Über Derivate des Tetradecylacetylens	Privat-Laboratorium	Prof. Dr. Krafft	Heidelberg	
27	**Wilhelm Strecker**	Versuche üb. d. Einwirkungen v. Aethylnitrit auf β-Aminokrotonester	Universitäts-Laboratorium	Prof. Dr Knövenagel	Heidelberg	
28	**Gustav Schneider**	Über Condensationen von Formaldehyd mit Acetylaceton	Universitäts-Laboratorium	Prof. Dr. Knövenagel	Heidelberg	
29	**Joseph Broicher**	Über Oxydationsprodukte von Phenolen und Phenolbromiden	Universitäts-Laboratorium	Prof. Dr. Auwers	Heidelberg	
30	**Richard Kastner**	Über Hydrazimethanderivate aus Orthodiketonen	Universitäts-Laboratorium	Prof. Dr. Curtius	Heidelberg	
31	**Leo Blach**	Über isomere Xylitone	Universitäts-Laboratorium	Prof. Dr. Knövenagel	Heidelberg	
32	**Siegfried Landsberger**	Über die Darstellung von Triäthyl-p-Toluidin und Triäthyl-m-Xylidin, sowie über einige neue Derivate von Orthophenetin und Orthoanisidin	Universitäts-Laboratorium	Prof Dr. Jannasch	Heidelberg	
33	**Franz Schleicher**	Beiträge zur Kenntniss alkylirter Bernsteinsäuren	Universitäts-Laboratorium	Prof. Dr. Auwers	Heidelberg	
34	**Rudolf Glaser**	Die Aether des o-Oxybenzalazins	Universitäts-Laboratorium	Prof. Dr. Curtius	Heidelberg	
35	**Friedr. Herrm. Dellschaft**	Über das Hydrazid und Azid der Palmitinsäure	Universitäts-Laboratorium	Prof. Dr. Curtius	Heidelberg	
36	**Alfred Kraith**	Untersuchungen in der Carvonreihe	Universitäts-Laboratorium	Dr. Klages	Heidelberg	
37	**Georg Lieckroth**	Über die Abspaltbarkeit von Substituenten aus dem Benzolkern	Universitäts-Laboratorium	Dr. Klages	Heidelberg	
38	**Aladar Skita**	Beiträge zur synthetischen Verwendung des Cyanwasserstoffsesquichlorhydrates	Universitäts-Laboratorium	Prof Dr. Gattermann	Heidelberg	
39	**Ernst Haager**	Über die Reduktion von Metaxylobenzalazin	Universitäts-Laboratorium	Prof. Dr. Curtius	Heidelberg	

40	**Edmund Bourcart**	Über die Überführung des Pyrazolin 3, 4, 5-Tricarbonsäure-Triäthylesters in Pyrazolin 3, 4, 5-Triamin	Universitäts-Laboratorium	Prof. Dr. Curtius	Heidelberg
41	**Hermann Weber**	Über die Aufschliessung der Silikate durch Borsäureanhydrid und über eine neue Methode zur Bestimmung des Fluors im Kryolith	Universitäts-Laboratorium	Prof Dr. Jannasch	Heidelberg
42	**Anton Messerschmidt**	Die Reaktionsgeschwindigkeit in heterogenen Systemen	Universitäts-Laboratorium	Prof. Dr. Goldschmidt	Heidelberg
43	**Alexander Propfe**	Über die Reduktion des p-Tolylazin	Universitäts-Laboratorium	Prof. Dr. Curtius	Heidelberg
44	**Alfred Rodrian**	Synthesen mit Hülfe von Blausäure	Universitäts-Laboratorium	Prof. Dr. Gattermann	Heidelberg
45	**Karl Bärenfänger**	Über Derivate des p-Tolylaldehyds und Resorcylaldehydes	Universitäts-Laboratorium	Prof. Dr. Gattermann	Heidelberg
46	**Karl Bückel**	Über die Anlagerung einiger Alkohole an Chinon	Universitäts-Laboratorium	Prof Dr. Knövenagel	Heidelberg
47	**Franz Martin Purucker**	Zur Kenntniss der Synthesen mit Hülfe von Blausäure	Universitäts-Laboratorium	Prof. Dr. Gattermann	Heidelberg
48	**Wilhelm Wilke**	Über Vacuumdestillation	Privat-Laboratorium	Prof. Dr. Krafft	Heidelberg
49	**Rudolph Seldis**	Zur Kenntniss der Undecylensäure	Privat-Laboratorium	Prof. Dr. Krafft	Heidelberg

Universität Jena.

1	**Walther Treff**	Über Pyrrolverbindungen der Camphergruppe	Jena	Prof. Dr. Paul Duden	Jena
2	**Adolf Billmann**	Über Fälle von Desmotropie bei substituirten Methylenbisacetessigestern	Jena	Dr. Paul Rabe	Jena
3	**Thomas Gray**	Beiträge zur Kenntniss des Acetonylacetons	Jena	L. Knorr	Jena
4	**Alfred E. Macintyre**	Über einige neue Basen der Camphergruppe	Jena	P. Duden	Jena

Technische Hochschule Karlsruhe.

Laufende Nr.	Name des Promovierten oder Diplomierten	Titel der Dissertation oder der Diplomarbeit	Bezeichnung des Laboratoriums, in welchem die Arbeit ausgeführt worden ist	Name des Dozenten, welcher die Arbeit geleitet hat	Ort der Promotion	Ort der Diplomerteilung
1	**Dr. Albert Frank-Kamenetzky** aus Wilna	Bromide des Isopentans	Chem Laboratorium Karlsruhe	Engler	Basel	Karlsruhe
2	**Dr. Otto Oberlaender** aus Kaiserslautern	Über Löslichkeitsprobleme der organ. Chemie	Chem. Laboratorium Heidelberg	Goldschmidt	Heidelberg	Karlsruhe
3	**Witaly Semlanizin** aus Taganrog	Über Verbrennungsvorgänge bei Flammen bezw. Gasstrahlen	Chem. techn. Laboratorium Karlsruhe	Bunte		Karlsruhe
4	**Dr. Rudolf Geipert** aus Biebesheim	Über die Condensation von Benzilsäure mit einigen einwerthigen Phenolen	Chem. Laboratorium Karlsruhe u. Freiburg in der Schweiz	Bistrzycki u. Engler	Freiburg i. Schweiz	Karlsruhe
5	**Witold Kraszewski** aus Lomza	Über die Condensation der drei Nitrobenzaldehyde mit m-Jodacetophenon und Acetophenon	Chem. Laboratorium Karlsruhe	Engler		Karlsruhe

Universität Kiel.

Laufende Nr.	Name des Promovierten oder Diplomierten	Titel der Dissertation oder der Diplomarbeit	Bezeichnung des Laboratoriums, in welchem die Arbeit ausgeführt worden ist	Name des Dozenten, welcher die Arbeit geleitet hat	Ort der Promotion	Ort der Diplomerteilung
1	**Arthur Schob**	Über γ-Methylisoxazolcarbonsäure	Kiel	Claisen	Kiel	
2	**Percy Spencer**	Über o-Acylderivate des Acetessigesters u. einiger verwandter Verbindungen	Kiel	Claisen	Kiel	
3	**Erich Kedesdy**	Beiträge zur Kenntniss der 1,3-Diketonsäure- u. 1,3-Ketonsäureester	Kiel	Claisen	Kiel	

Universität Königsberg i. Pr.

Laufende Nr.	Name des Promovierten oder Diplomierten	Titel der Dissertation oder der Diplomarbeit	Bezeichnung des Laboratoriums, in welchem die Arbeit ausgeführt worden ist	Name des Dozenten, welcher die Arbeit geleitet hat	Ort der Promotion	Ort der Diplomerteilung
1	**Beniamin Schapiro**	Beiträge zur Kenntniss des Acetoxims	Königsberg, Universitäts-Laboratorium	Lossen	Königsberg	
2	**Viktor Funk**	Über Hemipinylhydroxylamin	Königsberg, Universitäts-Laboratorium	Lossen	Königsberg	

3	**Hans Wolffram**	Über äthylaminhaltige Platinbasen	Königsberg, Universitäts-Laboratorium	Lossen	Königsberg
4	**Walther Deecke**	Die Chlorcitramalsäure und ihre Umsetzungsprodukte	Königsberg, Universitäts-Laboratorium	Lossen	Königsberg

Universität Leipzig.

1	**George Robertson** aus Glasgow	Verseifung der Reduktionsprodukte des Phenyldibenzoylglutarsäureesters	I Chemisches Universitäts-Laboratorium Leipzig	J. Wislicenus	Leipzig
2	**Wilhelm Beyme** a. Pechau	Über Methyl-Dibenzoylmethan	I. Chemisches Universitäts-Laboratorium Leipzig	J. Wislicenus	Leipzig
3	**Emil Otto Hüthig** aus Schkeuditz	Über die Produkte der Einwirkung von Natriumbenzoylessigester auf Phtalyldichlorür	I. Chemisches Universitäts-Laboratorium Leipzig	J. Wislicenus	Leipzig
4	**Ernst Berthold Auerbach** aus Stuttgart	Eine neue Synthese des Tetraphenylcyklopentans durch Reduktion des Desoxybenzoinbenzylidenacetophenons	I. Chemisches Universitäts-Laboratorium Leipzig	J. Wislicenus	Leipzig
5	**Arthur Strigel** aus Wien.	Über die Produkte der Condensation des Methyl-Aethylketons mit Bernsteinsäurediäthylester	I. Chemisches Universitäts-Laboratorium Leipzig	J. Stobbe	Leipzig
6	**Moritz Jahrmarkt** aus Leipzig	Über das Isostilben und die Bromderivate des Stilbens	I. Chemisches Universitäts-Laboratorium Leipzig	J. Wislicenus	Leipzig
7	**Arthur Keller** aus Leipzig	Eine Synthese des Pentaphenylcyklopentans	I. Chemisches Universitäts-Laboratorium Leipzig	J. Wislicenus	Leipzig
1	**Hellmut v. Oettingen**	Über die Zersetzung des Natriumthiosulfats durch Säuren	Physikalisch-chem. Institut	W. Ostwald	Leipzig
2	**Karl Koelichen**	Die chemische Dynamik der Acetoncondensation	Physikalisch-chem. Institut	W. Ostwald	Leipzig
3	**Alexander Findlay**	Theorie der fraktionierten Fällung von Neutralsalzen und ihre Anwendung in der analytischen Chemie	Physikalisch-chem. Institut	W. Ostwald	Leipzig
4	**Jan v. Zawidzki**	Die Dampfdrucke binärer Gemische	Physikalisch-chem. Institut	W. Ostwald	Leipzig
1	**Erwin Schultz**	Beiträge zur Kenntniss der N-Alkylaldoxime	Leipzig, Laboratorium für angewandte Chemie	E. Beckmann	Leipzig

Universität Marburg.

Laufende Nr.	Name des Promovierten oder Diplomierten	Titel der Dissertation oder der Diplomarbeit	Bezeichnung des Laboratoriums, in welchem die Arbeit ausgeführt worden ist	Name des Dozenten, welcher die Arbeit geleitet hat	Ort der Promotion	Ort der Diplomerteilung
1	**H. Reinbach**	Über Bromderivate des p-Aethylphenols	Marburg	Zincke	Marburg	
2	**W. Emmerich**	Über Chlor- und Bromderivate des p-Kresols	Marburg	Zincke	Marburg	
3	**W. Lange**	Über Halogenderivate der p-Oxyphenylessigsäure	Marburg	Zincke	Marburg	
4	**E. Birschel**	Pseudoketochloride und Bromide aus Dioxydiphenylmethan und deren Umwandlungsprodukte	Marburg	Zincke	Marburg	

Universität München.

1	**Hermann Ley**	Studien über die im Pflanzenreiche verbreitete Äpfelsäure und deren quantitative Bestimmung	Laboratorium für angew. Chemie	Hilger	München.	
2	**Oskar Schlenk**	Zur Kenntniss der Phenylhydrazone	Laboratorium des Staates	Thiele	München	
3	**Friedrich Rittershausen**	Ammoniakalische Quecksilberverbindungen	Laboratorium des Staates	Hofmann	München	
4	**Karl Weiss**	Eiweissstoffe des Leguminosensamens	Laboratorium für angew. Chemie	Hilger	München	
5	**Heinrich Eichwede**	Die Constitution des Tribromphenolbroms und die Einwirkung von Aethylnitrit auf trisubstituirte Phenole	Laboratorium des Staates	Thiele	München	
6	**Ernst Winter**	Die Einwirkung von Essigsäureanhydrid und Schwefelsäure auf Chinone und über Oxydationen bei Gegenwart von Essigsäureanhydrid und Schwefelsäure	Laboratorium des Staates	Thiele	München	

7	**Hans Proelss**	Beiträge z. Nachweis von Alkaloiden, Glykosiden und Bitterstoffen bei forensisch chemischen Arbeiten	Laboratorium für angew. Chemie	Hilger	München
8	**Frederick Tschirner**	1. Oxydation aromatischer Basen, insbesondere Oxydation des Anilins 2. Über β-Phenylhydroxylamine	Chemisches Laboratorium des eidgenössischen Polytechnikums in Zürich	Bamberger	München
9	**Erich Seitz**	Kupferoxydalkaliverbindungen der Weinsäure	Laboratorium für angew. Chemie	Hilger	München
10	**Wilhelm Bouhon**	Studien über die Zersetzungsprodukte fett- u. eiweisshaltiger thierischer Organtheile	Laboratorium für angew. Chemie	Hilger	München
11	**Max Oppenheimer**	Glykokollverbindungen aromatischer Amido- und Amidooxysäuren	Laboratorium des Staates	Einhorn	München
12	**Anton Groeneveld**	Über Methyl-β-Ketopentamethylencarbonsäure	Laboratorium des Staates	Dieckmann	München
13	**Otto Seuffert**	Über das ε-Lacton der 2,6 Dimethyloctan-3-olsäure und über Bromirungsprodukte des Menthons	Laboratorium des Staates	Baeyer	München
14	**Wolfram Dreyfuss**	Über Tragant, zur Kenntniss der Pflanzenschleime	Laboratorium für angew. Chemie	Hilger	München
15	**Emil Schiffer**	Über das Verhalten der Ceritoxyde gegen Aluminium bei hohen Temperaturen	Laboratorium des Staates	Muthmann	München
16	**Emil Lossow**	Über Derivate der Cinchoninsäure	Laboratorium des Staates	Königs	München
17	**Julius Sand**	Über organische Quecksilberverbindungen	Laboratorium des Staates	Hofmann	München
18	**Rudolph Bauer**	Über die Reduktion der m-Amidobenzoesäure	Laboratorium des Staates	Einhorn	München
19	**Bruno Schütt**	Zur chemischen Charakteristik der Bestandtheile der Chinarinde	Laboratorium für angew. Chemie	Hilger	München
20	**Wilhelm Gohde**	Die Bestandtheile der Blüthen von Carthamus tinctoria	Laboratorium für angew. Chemie	Hilger	München
21	**Ludwig Klages**	Versuche zu einer Synthese des Menthons	Laboratorium des Staates	Einhorn	München

Technische Hochschule München.

Laufende Nr.	Name des Promovierten oder Diplomierten	Titel der Dissertation oder der Diplomarbeit	Bezeichnung des Laboratoriums, in welchem die Arbeit ausgeführt worden ist	Name des Dozenten, welcher die Arbeit geleitet hat	Ort der Promotion	Ort der Diplomerteilung
1	**Ernst Fussenegger** aus Dombin	Über Chinotoxin	Organisches Laboratorium der techn. Hochschule in München	Rhode	Basel	
2	**Joseph Brunner**	Über die Constitution des Cinchonins	Organisches Laboratorium der techn. Hochschule in München	Rhode	Basel	
3	**Otto Lange** aus Prag	Über die Constitution des Chinophtalons und Chinophtalins	Organisches Laboratorium der techn. Hochschule in München	Eibner	Rostock	
4	**Oscar Eckstein** aus München	Recherches sur la sulfonation de la 1. 8. Dinitronaphtaline et sur la transposition moléculaire de la 1. 5-Dinitronaphtaline en Nitro-nitrosonaphtol	Chemisch-techn. Laborator. der techn. Hochschule in München u. Universit.-Laboratorium in Genf	G. Schultz u. Gräbe	Genf	
5	**Armin Petény**	A Triphenylmetan is zármazékok is meretéhez	Chemisch-techn. Laborator. der techn. Hochschule in München	G. Schultz	Budapest	
6	**Robert Lunzer**	Über Napthalincarbonsäuren	Chemisch-techn. Laborator. der techn. Hochschule in München	G. Schultz	Klausenburg	

Universität Rostock.

Laufende Nr.	Name des Promovierten oder Diplomierten	Titel der Dissertation oder der Diplomarbeit	Bezeichnung des Laboratoriums, in welchem die Arbeit ausgeführt worden ist	Name des Dozenten, welcher die Arbeit geleitet hat	Ort der Promotion	Ort der Diplomerteilung
1	**Albert Stenz**	Zur Kenntniss des Sulfocarbanilids und dessen Derivate	Organ.-chem. Laboratorium der techn. Hochschule in Dresden	Prof. v. Meyer	Rostock	
2	**Jean Boes**	Über einige Theercumarone, sowie die Darstellung zweier neuer Homologen des Cumarons	Universitäts-Laboratorium Rostock	Prof. Stoermer	Rostock	

3	**Rudolf Zimmermann**	Über einige Selenketone	Universitäts-Laboratorium Rostock	Dr. Kunckell	Rostock
4	**Hermann Schmidt**	Über einige Oxyamidoketone und Oxyamidochlorketone	Universitäts-Laboratorium Rostock	Dr. Kunckell	Rostock
5	**Kurt v. Arend**	Über die Einwirkung einiger Phosphorchloride auf Amine und über Ester der N-Oxychlorphosphine der aromatischen Reihe	Universitäts-Laboratorium Rostock	Prof. Michaelis	Rostock
6	**Ferdinand Meyer**	Die Einwirkung von Phenylisocyanat auf Aminocrotonsäureester	Organ.-chem. Laboratorium der techn Hochschule in Hannover	Prof. Behrend	Rostock
7	**Kurt v. Vogel**	Über die Einwirkung von Isodialursäure auf Sulfoharnstoff	Organ.-chem. Laboratorium der techn. Hochschule in Hannover.	Prof. Behrend	Rostock
8	**Moritz Pitsch**	Über Phosphorsuboxyd	Universitäts-Laboratorium Rostock	Prof. Michaelis	Rostock
9	**Ernst Rohrbaech**	Über Telluro-Phenoläther und Dichlortelluroketone	Universitäts-Laboratorium Rostock	Prof. Michaelis	Rostock
10	**Paul Nathansohn**	Beiträge zur Cumaronsynthese	Universitäts-Laboratorium Rostock	Prof. Stoermer	Rostock
11	**Ernst Richter**	Über aromatische Borbromide, deren Derivate und über Borbenzoesäure	Universitäts-Laboratorium Rostock	Prof. Michaelis	Rostock
12	**Alfred Teudeloff**	Über die Einwirkung von Monochloracetat auf Monoalkyläther der zweiwerthigen Phenole	Universitäts-Laboratorium Rostock	Prof. Stoermer	Rostock
13	**Ernst Treutler**	Über einige aromatische Amido-Chlorketone, sowie über den p-Dimethylindigo	Universitäts-Laboratorium Rostock	Dr. Kunckell	Rostock
14	**Gebhardt Bumeke**	Über Cellulose	Organ.-chem. Laboratorium der techn. Hochschule in Berlin	R. Wolffenstein	Rostock
15	**Fritz Bartsch**	Über Synthesen des Cumaranons und einiger Homologen desselben	Universitäts-Laboratorium Rostock	Prof. Stoermer	Rostock
16	**Richard Pasternack**	Über das 1-Phenyl 3-methyl-5-chlor pyrazol und dessen Derivate	Universitäts-Laboratorium Rostock	Prof. Michaelis	Rostock

Universität Rostock. Fortsetzung.

Laufende Nr.	Name des Promovierten oder Diplomierten	Titel der Dissertation oder der Diplomarbeit	Bezeichnung des Laboratoriums in welchem die Arbeit ausgeführt worden ist	Name des Dozenten, welcher die Arbeit geleitet hat	Ort der Promotion	Ort der Diplomerteilung
17	**Wilhelm Krahe**	Zur Kenntniss der tertiären aromatischen Phosphine und Arsine	Universitäts-Laboratorium Rostock	Prof. Michaelis	Rostock	
18	**Karl Ulrich**	Zur Kenntniss der aromatischen Arsoniumverbindungen und aromatischen Arsenbetaine	Universitäts-Laboratorium Rostock	Prof. Michaelis	Rostock	
19	**Georg Hecker**	Über einige Chloracetyl- und Brompropionyl-Derivate aromatischer Amine	Universitäts-Laboratorium Rostock	Dr. Kunckell	Rostock	
20	**Udo Klünder**	Einige substituirte Phenacylverbindungen und die Einwirkung von Chloracetylchlorid auf Acetdiphenylamin und Acettetrahydrochinolin	Universitäts-Laboratorium Rostock	Dr. Kunckell	Rostock	
21	**Edwin Koehler**	Über einige neue Derivate des Triphenylphosphins	Universitäts-Laboratorium Rostock	Prof. Michaelis	Rostock	
22	**Hermann Wennekes**	Über organische Phosphorstickstoffverbindungen	Universitäts-Laboratorium Rostock	Prof. Michaelis	Rostock	
23	**Georg Fendler**	Über die Bestandtheile des Cascarill-Oels und Untersuchungen über die Undecylensäure	Pharmaceutisches Institut der Universität Berlin	Prof. Thoms	Rostock	
24	**Fritz Gotsch**	Über einige Acetylenderivate, das u-Phenyl-α-p-Tolyl-Oxazol und einige Toluyl-Methyläther	Universitäts-Laboratorium Rostock	Dr. Kunckell	Rostock	
25	**Walter Grothe**	Über die Einwirkung von sulfinsauren Salzen, Kaliumsulfhydrat, Cyankalium, Rhodankalium auf Chloracetylderivate aromatischer Amidokörper	Chemisches Laboratorium der techn. Hochschule in Braunschweig	Prof. Beckurts	Rostock	
26	**Victor Faber**	Über die Einwirkung von Phenoxylessigsäureaethylester auf Acetophenon	Universitäts-Laboratorium Rostock	Prof. Stoermer	Rostock	

27	**Yngve Buchholz**	Zur Kenntniss des β-Aminocrotonsäureesters	Organ.-chem. Laboratorium der techn. Hochschule in Hannover	Prof. Behrend	Rostock
28	**Josef Schroembgens**	Über die Einwirkung von Benzylamin auf chlorirte Phosphorverbindungen	Universitäts-Laboratorium Rostock	Prof. Michaelis	Rostock
29	**Otto Lange**	Zur Constitution des Chinophtalons und Chinophtalins	Organ.-chem. Laboratorium der techn. Hochschule in München	Prof. v. Miller	Rostock
30	**Rudolf Jenichen**	Einwirkung von p-Toluolsulfinsäure auf einige aromatische Diazoverbindungen	Organ.-chem. Laboratorium der techn. Hochschule in Dresden	Prof. v. Meyer	Rostock
31	**Georg Barth**	Chemische Studien über die Bitterstoffe des Hopfens	Technische Hochschule in München	Prof. Lintner	Rostock
32	**Paul Koech**	Über die Umlagerung der Isodialursäure zu Dialursäure	Organ.-chem. Laboratorium der techn. Hochschule in Hannover	Prof. Behrend	Rostock
33	**Ernst Kornstaedt**	Über einige organische Titan- und Siliciumverbindungen	Universitäts-Laboratorium Rostock	Prof. Michaelis	Rostock
34	**Rudolf Schwabe**	Über das 1-Parabromphenyl 3-methyl-5-chlorpyrazol	Universitäts-Laboratorium Rostock	Prof. Michaelis	Rostock
35	**Albert Schöne**	Zur Kenntniss der Rübenmelassen und der Pentosane	Agrikulturchem. Laboratorium Göttingen	Prof. Tollens	Rostock

Universität Tübingen.

1	**Otto Ansel**	Über Vinylidenoxanilid	Chemisches Laboratorium Tübingen	H. v. Pechmann	Tübingen
2	**Alfred Schlesinger**	Über die Darstellung von Isopyrazolderivaten aus Diacetbernsteinsäureester und aromatischen Diazoverbindungen	Chemisches Laboratorium Tübingen	C. Bülow	Tübingen
3	**Julius Obermiller**	Über einige Abkömmlinge des β-Methylumbelliferons	Chemisches Laboratorium Tübingen	H. v. Pechmann	Tübingen
4	**Erwin Hancke**	Über die Condensation von substituirten Acetessigestern mit Phenolen	Chemisches Laboratorium Tübingen	H. v. Pechmann	Tübingen

Universität Würzburg.

Laufende Nr.	Name des Promovierten oder Diplomierten	Titel der Dissertation oder der Diplomarbeit	Bezeichnung des Laboratoriums, in welchem die Arbeit ausgeführt worden ist	Name des Dozenten, welcher die Arbeit geleitet hat	Ort der Promotion	Ort der Diplomerteilung
1	**Max Buchner**	Über Stärke und Salzbildung von Nitraminen und Isonitraminen, sowie von Säureamiden	Chemisches Institut der Universität Würzburg	Hantzsch	Würzburg	
2	**Albert Veit**	Zur Kenntniss der Isonitrokörper	Chemisches Institut der Universität Würzburg	Hantzsch	Würzburg	
3	**Franz Sebaldt**	Über den Zustand wässriger Ammoniak- und Aminlösungen	Chemisches Institut der Universität Würzburg	Hantzsch	Würzburg	
4	**Hermann Kissel**	Über Reaktionsfähigkeit und Salzbildung von Nitrokörpern — Beiträge zur Chemie des Quecksilbers	Chemisches Institut der Universität Würzburg	Hantzsch u H. Ley	Würzburg	
5	**Robert C. Farmer**	Über sogen. Oxyazokörper sowie Chinonoxime und Ketoxime	Chemisches Institut der Universität Würzburg	Hantzsch	Würzburg	
6	**Fritz Königsberger**	Zur Kenntniss des Chrysens und seiner Oxydationsproducte	Chemisches Institut der Universität Würzburg	Graebe	Würzburg	
7	**Kurt Boerner**	Zur Kenntniss der isomeren Formylphenylessigäther	Chemisches Institut der Universität Würzburg	W. Wislicenus	Würzburg	
8	**Thomas B. Baillie**	Über die elektrolytische Reduction säureamidartiger Substanzen	Chemisches Institut der Universität Würzburg	J. Tafel	Würzburg	
9	**John S. Smythe**	Zur Umlagerung von Bromdiazoniumchloriden in Chlordiazoniumbromide	Chemisches Institut der Universität Würzburg	Hantzsch	Würzburg	
10	**Otto Schwab**	Über Condensationsproducte aus Aldehyden und Aminen und ihre Jodalkylate	Chemisches Institut der Universität Würzburg	Hantzsch	Würzburg	
11	**Oswald F. Silberrad**	Über die Polymerisationsproducte aus Diazoessigäther	Chemisches Institut der Universität Würzburg	Hantzsch	Würzburg	
12	**Max Kalb**	Über Pseudoammoniumbasen	Chemisches Institut der Universität Würzburg	Hantzsch	Würzburg	

13	**Gustav Osswald**	Über die Umwandlung von Farbbasen in Pseudoammonium-Hydrate, Cyanide und Sulfonsäuren. — Über Cyanoform	Chemisches Institut der Universität Würzburg	Hantzsch	Würzburg
14	**Adalbert Engler**	Zur Kenntniss der isomeren Diazotate und Diazohydrate	Chemisches Institut der Universität Würzburg	Hantzsch	Würzburg
1	**Hans Schumann**	Über die Einwirkungsproducte von Schwefeldioxyd auf Ammoniak	Technolog. Institut	Medicus	Würzburg
2	**Carl Wimmenauer**	Zur quantitativen Bestimmung des Wismuths durch Elektrolyse	Technolog. Institut	Medicus	Würzburg

F.

Anhang.

Register der Ergänzungszeugnisse

zu den Zeugnissen

des Verbandes der Vorstände chem. Laboratorien an deutschen Hochschulen

für das Verbandsjahr 1899/1900.

Landw.-technol. Institut der Universität Breslau.

Lauf. Nr.	Vorname	Zuname	Geburtsort	Datum der Ausfertigung	Examinatoren	Prüfungs-Gegenstand
S.-S. 1370	Fritz	Sturm	Breslau	28. Juni 1900	F. B. Ahrens	Technische Chemie
1035	Ernst	Peschek	Liegnitz	31. Juli 1900	F. B. Ahrens	Technische Chemie

Institut für physikalische Chemie Göttingen.

Lauf. Nr.	Vorname	Zuname	Geburtsort	Datum der Ausfertigung	Examinatoren	Prüfungs-Gegenstand
W.-S. *	Woolsey	Johnson	Owego (N.-Y)	20. Jan. 1900	Nernst	Physico-chem-u.elektro-chem. Uebungen

Physik.-chem. Institut der Universität Leipzig.

Lauf. Nr.	Vorname	Zuname	Geburtsort	Datum der Ausfertigung	Examinatoren	Prüfungs-Gegenstand
W.-S. 165	Oscar	Gros	Wernick bei Würzburg	1. Jan. 1900	Ostwald	Physikal. Chemie
426	Walter	Flemming	Klein Malsau	1. Jan. 1900	Ostwald	Physikal. Chemie
863	Carl	Ernst	Watertown (Wisc. U. S. A.)	1. Jan. 1900	Ostwald	Physikal. Chemie

Physik.-chem. Institut der Universität Leipzig.

Fortsetzung.

Lauf. Nr.	Vorname	Zuname	Geburtsort	Datum der Ausfertigung	Examinatoren	Prüfungs-Gegenstand
W.-S. 866	Johannes	Brode	Schweerz (Prov. Sachsen)	1. Jan. 1900	Ostwald	Physikal. Chemie
867	Gerhard	Just	Karlsruhe	1. Jan. 1900	Ostwald	Physikal. Chemie
870	Willy	Federlin	Homburg v. d. H.	1. Jan. 1900	Ostwald	Physikal. Chemie
871	Oskar	Hahn	Leipzig	1. Jan. 1900	Ostwald	Physikal. Chemie
873	Adolf	Eckstädt	Jessnitz (Anhalt)	1. Jan. 1900	Ostwald	Physikal. Chemie
874	Max	Zapfe	Weimar	1. Jan. 1900	Ostwald	Physikal. Chemie
876	William H.	Whatmough	Manchester	1. Jan. 1900	Ostwald	Physikal. Chemie
879	Frederik W.	Skirrow	Lancaster	25. Jan. 1900	Ostwald	Physikal. Chemie
875	Paul Albin	Mittasch	Grossdehsa bei Löbau	14. Febr. 1900	Ostwald	Physikal. Chemie
878	Charles E.	Fawsitt	Glasgow	14. Febr. 1900	Ostwald	Physikal. Chemie
2004	Henry L.	Heathcote	Handsworth (England)	9. März 1900	Ostwald	Physikal. Chemie
S.-S. 2006	Harry W.	Morse	San Diego (Californien)	14. Juni 1900	Ostwald	Physikal. Chemie
2008	Charles W.	Foulk	Ohio (U. S. A.)	14. Juni 1900	Ostwald	Physikal. Chemie

Chemisches Institut der Universität Marburg.

Lauf. Nr.	Vorname	Zuname	Geburtsort	Datum der Ausfertigung	Examinatoren	Prüfungs-Gegenstand
W.-S. 577	Friedrich	Schönbeck	Neu-Ruppin	16. Febr. 1900	Schenck	Elektrochemie
590	Wilhelm	Walter	Crefeld	7. März 1900	Schaum	Physikal. Chemie
1055	Georg	Dahmer	Frankfurt a. M.	7. März 1900	Schaum	Physikal. Chemie
S.-S. 1051	Ernst	Ellenberger	Uelzen	3. Mai 1900	Schaum	Physikal. Chemie
1063	Otto	Hahn	Frankfurt a. M.	3. Mai 1900	Schaum	Physikal. Chemie

Chemisches Institut der Universität Marburg.

Fortsetzung.

Lauf. Nr.	Vorname	Zuname	Geburtsort	Datum der Ausfertigung	Examinatoren	Prüfungs-Gegenstand
S.-S. 589	Herrm.	Mecklenburg	Leck	18. Juni 1900	A. Meyer	Bacteriologie u. Pilzkunde
587	Siegfried	Fuchs	Hirschberg	18. Juni 1900	A. Meyer	Bacteriologie u. Pilzkunde
1055	Georg	Dahmer	Frankfurt a. M.	1. Aug. 1900	M. Bauer	Mineralogie u. Krystallographie
1068	Herrmann	Bruncke	Wolfenbüttel	1. Aug. 1900	M. Bauer	Mineralogie u. Krystallographie

Mineralogisches Institut der Universität München.

S.-S. 6	Nathan	Sulzberger	New-York	24. Juni 1900	Prof P. Groth	Mineralogie phys. u. chem. Krystallographie
1623	Wilhelm	Prandtl	München	24. Juli 1900	Prof. P. Groth	Mineralogie phys. u. chem. Krystallographie
26	Franz	Henle	München	24. Juli 1900	Prof. P. Groth	Mineralogie
1677	Friedrich	Ettlinger	Karlsruhe	28. Juli 1900	Prof. P. Groth	Mineralogie

Laboratorium für allgemeine Chemie, Techn. Hochschule Stuttgart.

S.-S. 898	Rich.	Vock	Stuttgart	23. Juli 1900	Fünfstück	Botanik

Druck von Oskar Leiner in Leipzig. 30118

Nachtrag zum dritten Heft.

Chemisches Laboratorium der Universität Würzburg.

Aufgedruckte No. der Zeugniskarte	Vorname	Zuname	Geburtsort	Vorbildung	Examinatoren	Datum der Ausfertigung
W.-S. 1258	**Eduard**	**Moufang**	Palermo	Abs. d. Realgymnasium	Hantzsch	27. Nov. 1899
1259	**Karl**	**Ekstein**	Pilsen	Abs. d. Staats-Oberrealsch.	Hantzsch	17. Jan. 1900
1260	**Anton**	**Endres**	Würzburg	Industriesch.	Hantzsch	26. Jan. 1900
1261	**Hans**	**Sichling**	Nürnberg	Industriesch.	Hantzsch	7. Febr. 1900
1262	**Martin**	**Lehmann**	Bernsdorf i. Schlesien	Pharm. Staatsexamen Note I	Hantzsch	16. Febr. 1900
1263	**Heinrich**	**Körber**	Würzburg	Pharm. Staatsexamen Note I	Hantzsch	23. Febr. 1900
1264	**Paul**	**Hesse**	Breslau	Pharm. Staatsexamen Note I	Hantzsch	26. Febr. 1900
1265	**Alexander**	**Blembel**	Dresden	Abs. des Gymnasium	Hantzsch	3. März 1900
1266	**Wilhelm**	**Pohl**	Eger (Böhm.)	Pharm. Staatsexamen Note I	Hantzsch	5. März 1900
1267	**Friedrich**	**Weigand**	Bad Soden	Abs. d. Oberrealschule	Hantzsch	6. März 1900

Dementsprechend ist auf Seite 39 des Heftes 3 in Reihe Winter 1899/1900 in der Zeile Würzburg, chemisches Laboratorium eine 10 einzufügen und sind im Wintersemester 1899/1900 insgesamt 10 Zeugnisse mehr ausgestellt worden.

LEIPZIG, OSKAR LEINER. A0462

Verlag von VEIT & COMP. in Leipzig.

LEHRBUCH

DER

ORGANISCHEN CHEMIE.

Für Studierende an Universitäten und Technischen Hochschulen

von

Dr. A. F. Holleman,

o. Professor der Chemie an der Universität Groningen.

Unter Mitwirkung des Verfassers herausgegeben von Dr. Hans Hof.

Mit zahlreichen Abbildungen.

gr. 8 1899. Gebunden in Ganzleinen 10 *M*.

Das »Lehrbuch der *organischen* Chemie« steht auf durchaus modernem Standpunkte. Im Gegensatz zu den vorhandenen kurzen Lehrbüchern der Chemie, welche besonders Gewicht darauflegen, eine grosse Anzahl von Verbindungen vorzuführen, ist darin das Thatsachenmaterial eingeschränkt, dagegen die Theorie in den Vordergrund gestellt, für fast alle aufgeführten Verbindungen wird der Strukturbeweis geliefert. »Das Buch will also in erster Linie als *Lehrbuch* betrachtet werden, macht dagegen nicht Anspruch darauf, ein »Beilstein« in sehr verkürzter Gestalt zu sein.«

LEHRBUCH

DER

ANORGANISCHEN CHEMIE.

Für Studierende an Universitäten und Technischen Hochschulen

von

Dr. A. F. Holleman,

o. Professor der Chemie an der Universität Groningen.

Unter Mitwirkung des Verfassers herausgegeben

von

Dr. W. Manchot,

Privatdozent der Chemie an der Universität Göttingen.

Mit zahlreichen Abbildungen im Text und zwei Tafeln.

gr. 8. 1900. Geb. in Ganzleinen 10 *M*.

Das »Lehrbuch der *anorganischen* Chemie« ist durchaus modern. Sein charakteristisches Merkmal ist, dass es auf Grund der physikalisch-chemischen Theorieen aufgebaut ist. In gleicher Weise wie das »Lehrbuch der *organischen* Chemie« wird es sich bei Studierenden als eine der besten unter den vorhandenen Einführungen in das Studium der Chemie bald einbürgern.

Verlag von VEIT & COMP. in Leipzig.

DIE ENERGETIK

nach ihrer

geschichtlichen Entwickelung.

Von

Dr. Georg Helm,

o. Professor an der k. techn. Hochschule zu Dresden.

Mit Figuren im Text.

gr. 8. 1898. Geh. 8 ℳ 60 ₰, in Ganzleinen geb. 9 ℳ 60 ₰.

ÜBER

FREIWILLIGE OXYDATION.

Beiträge zur Kenntnis der Autoxydation und Sauerstoffaktivierung.

Von

Dr. W. Manchot,

Privatdozent für Chemie an der Universität Göttingen.

Mit drei Figuren.

gr. 8. 1900. Geh. 1 ℳ 50 ₰.

DIE

TECHNISCHEN HOCHSCHULEN

UND IHRE

WISSENSCHAFTLICHEN BESTREBUNGEN.

Rede, zum Antritt des Rektorats der Königl. Technischen Hochschule zu Berlin, gehalten in der Aula am 1. Juli 1899

von

A. Riedler.

gr. 8. 1899. Geh. 1 ℳ.

ZUR STEREOCHEMIE

DES

FÜNFWERTIGEN STICKSTOFFES.

Mit besonderer Berücksichtigung

des asymmetrischen Stickstoffes in der aromatischen Reihe.

Von

Dr. Edgar Wedekind,

Privatdozenten an der Universität Tübingen.

Mit Figuren im Text.

gr. 8. 1899. Geh. 3 ℳ 50 ₰.

Druck von Oskar Leiner in Leipzig. 50032

FSC
www.fsc.org
MIX
Papier | Fördert gute Waldnutzung
FSC® C083411

Kolibri 360 GmbH
Ferdinand-Jühlke-Straße 7
99095 Erfurt, Deutschland
produktsicherheit@kolibri360.de